新时代中国生物多样性与保护丛书

The Series on China's Biodiversity and Protection in the New Era

中国生态学学会　组编

中国植物多样性与保护

Plant Diversity and Conservation in China

任　海　金效华　王瑞江　文香英　主编

河南科学技术出版社

·郑州·

图书在版编目（CIP）数据

中国植物多样性与保护/中国生态学学会组编；任海等主编.—郑州：河南科学技术出版社，2022.1（2023.5重印）

（新时代中国生物多样性与保护丛书）

ISBN 978-7-5725-0510-2

Ⅰ.①中… Ⅱ.①中… ②任… Ⅲ.①植物—生物多样性—生物资源保护—中国 Ⅳ.①Q948.52

中国版本图书馆CIP数据核字(2021)第123442号

出版发行：河南科学技术出版社
地址：郑州市郑东新区祥盛街27号　　邮编：450016
电话：（0371）65737028　65788613
网址：www.hnstp.cn
选题策划：张　勇
责任编辑：杨秀芳
责任校对：司丽艳
整体设计：张　伟
责任印制：张艳芳
地图审图号：GS（2021）5515号
地图编制：湖南地图出版社
印　　刷：河南新华印刷集团有限公司
经　　销：全国新华书店
开　　本：787 mm×1092 mm　1/16　印张：8　字数：114千字
版　　次：2022年1月第1版　2023年5月第2次印刷
定　　价：62.00元

如发现印、装质量问题，影响阅读，请与出版社联系并调换。

本书编写人员名单

主　　编：任　海　金效华　王瑞江　文香英

参编人员：任　海　王瑞江　杨　永　张　力

　　　　　严岳鸿　周喜乐　顾钰峰　舒江平

　　　　　金效华　李爱花　文香英　简曙光

　　　　　陆宏芳　刘红晓　王美娜

序言

　　生物多样性是地球上所有动物、植物、微生物及其遗传变异和生态系统的总称。习近平总书记指出：“生物多样性关系人类福祉，是人类赖以生存和发展的重要基础。”生物多样性是全人类珍贵的自然遗产，“保护生物多样性、共建万物和谐的美丽世界”不仅是当前经济社会发展的迫切需要，也是人类的历史使命。

　　我国国土辽阔、海域宽广，自然条件复杂多样，加之较古老的地质史，形成了千姿百态的生态系统类型和自然景观，孕育了极其丰富的植物、动物和微生物物种。

　　我国是全球自然生态系统类型最多样的国家，包括森林、灌丛、草地、荒漠、高山冻原与海洋等。在陆地自然生态系统中，森林生态系统主要有 240 类，灌丛生态系统有 112 类，草地生态系统 122 类，荒漠生态系统 49 类，湿地生态系统 145 类，高山冻原生态系统 15 类，共计 683 种类型。我国海洋生态系统主要有珊瑚礁生态系统、海草生态系统、海藻场生态系统、上升流生态系统、深海生态系统和海岛生态系统，以及河口、海湾、盐沼、红树林等重要滨海湿地生态系统。

　　我国是动植物物种最丰富的国家之一。我国为地球上种子植物区系起源中心之一，承袭了北方古近纪、新近纪，古地中海及古南大陆的区系成分。我国有高等植物 3.7 万多种，约占世界总数的 10%，仅次于种子植物最丰富的巴西和哥伦比亚，其中裸子植物 289 种，是世界上裸子植物最多的国家。中国特有种子植物有 2 个特有科，247 个特有属，17 300 种以上的特有种，占我国高等植物总数的 46% 以上。我国还是水稻和大豆的原产地，现有品种分别达 5 万个和 2 万个。我国有药用植物

11 000 多种，牧草 4 215 种，原产于我国的重要观赏花卉有 30 余属 2 238 种。我国动物种类和特有类型多，汇合了古北界和东洋界的大部分种类。我国现有 3 147 种陆生脊椎动物，特有种共计 704 种。包括 475 种两栖类，约占全球总数的 4%，其中特有两栖类 318 种；527 种爬行类，约占全球总数的 4.5%，其中特有爬行类 153 种；1 445 种鸟类，约占全球总数的 13%，其中特有鸟类 77 种；700 种哺乳类，约占全球总数的 10.88%，其中特有哺乳类 156 种。此外，中国还有 1 443 种内陆鱼类，约占世界淡水鱼类总数的 9.6%。我国脊椎动物在世界脊椎动物保护中占有重要地位。

我国保存了大量的古老孑遗物种。由于中生代末我国大部分地区已上升为陆地，第四纪冰期又未遭受大陆冰川的影响，许多地区都不同程度保留了白垩纪、古近纪、新近纪的古老残遗部分。松杉类植物世界现存 7 个科中，中国有 6 个科。此外，我国还拥有众多有"活化石"之称的珍稀动植物，如大熊猫、白鳍豚、文昌鱼、鹦鹉螺、水杉、银杏、银杉和攀枝花苏铁等。

我国政府高度重视生物多样性的保护。自 1956 年建立第一个自然保护区——广东鼎湖山国家级自然保护区以来，我国一直积极地推进自然保护地建设。目前，我国拥有国家公园、自然保护区、风景名胜区、森林公园、地质公园、湿地公园、水利风景区、水产种质资源保护区、海洋特别保护区等多种类型自然保护地 12 000 多个，保护地面积从最初的 11.33 万 km² 增至 201.78 万 km²。其中，陆域不同类型保护地面积 200.57 万 km²，覆盖陆域国土面积的 21%；海域保护地面积约 1.21 万 km²，覆盖海域面积的 0.26%。这对保护我国的生态系统与自然资源发挥了重要作用。同时，我国还积极推进退化生态系统恢复，先后启动与实施了天然林保护、退耕还林还草、湿地保护恢复，以及三江源生态保护和建设、京津风沙源治理、喀斯特地貌生态治理等区域生态建设工程。党的十八大以来，生态保护的力度空前，先后启动了国家公园体制改革、生态保护红线规划、重点生态区保护恢复重大生态工程。我国是全球生态保护恢复规模与投入最大的国家。自进入 21 世纪以来，我国生态系统整体好转，大熊猫、金丝猴、藏羚羊、朱鹮等珍稀濒危物种种群得到恢

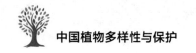

复和持续增长，生物多样性保护取得显著成效。

时值联合国《生物多样性公约》第十五次缔约方大会（COP15）在中国召开之际，中国生态学学会与河南科学技术出版社联合组织编写了"新时代中国生物多样性与保护"丛书。本套丛书包括《中国植物多样性与保护》《中国动物多样性与保护》《中国生态系统多样性与保护》《中国生物遗传多样性与保护》《中国典型生态脆弱区生态治理与恢复》《中国国家公园与自然保护地体系》和《气候变化的应对：中国的碳中和之路》七个分册，分别从植物、动物、生态系统、生物遗传、生态治理与恢复、国家公园与保护地、生态系统碳中和七个方面系统介绍了我国生物多样性特征与保护所取得的成就。

本丛书各分册作者为国内长期从事生物多样性与保护相关科研工作的一流专家学者，他们不仅积累了丰富的关于我国生物多样性与保护的基础资料，而且还具有良好的国际视野。希望本丛书的出版，可推动社会各界进一步关注我国复杂多样的生态系统、丰富的动植物物种和遗传资源，进而更深入地了解我国生物多样性保护行动与成效，以及我国生物多样性保护对人类发展做出的贡献。

在本丛书即将出版之际，特向河南科学技术出版社及中国生态学学会办公室范桑桑和庄琰的组织联络工作致以衷心的感谢。我国生物多样性极其丰富复杂，加之本丛书策划编撰的时间较短，文中疏漏和错误之处，敬请广大读者指正批评。

中国生态学学会理事长　欧阳志云

2021 年 8 月

前言

　　植物是地球上各类生命生存和发展的基础，人类的发展一直与驯化和利用野生植物紧密相关。丰富多样的植物具有巨大的社会、生态、经济、文化和科研价值，是人类与自然和谐共生的集中体现，是人类社会可持续发展的战略资源。但是，自工业革命以来，人类不合理地利用植物资源，导致了全球植物多样性严重丧失。保护、恢复和可持续利用植物资源已成为国际社会的共识。《生物多样性公约》提出全球生物多样性保护 2020 年目标是"遏制生物多样性丧失"，但这一目标未能实现，现在面对 2050 年"与自然和谐共处，生物多样性价值被承认、保护、恢复和可持续利用"的目标，还需要全球共同付出巨大的努力才能实现。

　　中国政府于 1992 年签署了联合国《生物多样性公约》，此后，特别是提出建设生态文明以来，中国在植物多样性保护方面投入了大量人力、物力和财力，在植物就地保护、迁地保护、重大生态工程、政策法规、国际合作和科研监测等方面取得重要进展。但由于各种人为和自然因素干扰，中国的森林、草原、农田、湿地等生态系统存在不同程度的退化，15%~20% 的植物物种受到威胁。

　　2020 年 9 月 30 日，习近平主席在联合国生物多样性峰会上指出："当前，全球物种灭绝速度不断加快，生物多样性丧失和生态系统退化对人类生存和发展构成重大风险。新冠肺炎疫情告诉我们，人与自然是命运共同体。"要坚持生态文明，增强建设美丽世界动力；要坚持多边主义，凝聚全球环境治理合力；要保持绿色发展，培育疫后经济高质量复苏活力；要增强责任心，提升应对环境挑战行动力。2021 年，我国将在昆明举办联合国《生物多样性公约》第十五次缔约方大会

（COP15）。COP15 将评估《生物多样性公约》过去十年战略与行动计划的执行情况，确定 2030 年全球生物多样性保护目标，制定 2021~2030 年全球战略。我们相信，各方将达成全面平衡、有力度、可执行的行动框架，共建万物和谐的美丽世界。

本书通过图文并茂的形式，介绍了植物多样性的概念及其功能，中国苔藓、石松类和蕨类、裸子植物、被子植物多样性及资源利用与保护情况，中国植物多样性保护行动，植物多样性保护理论及中国的保护实践。

本书可作为政府有关部门制定植物保护规划、生态保护规划和政策，实施涉及植物的生态保护和恢复工程的科学依据，也可供植物学、林学、农学、生态学、生物学以及自然保护和环境保护领域的研究人员和高等院校师生参考。

本书由任海、金效华、王瑞江和文香英主编，各章编写者如下：任海撰写第一章，王瑞江、杨永、张力、严岳鸿、周喜乐、顾钰峰、舒江平撰写第二章，金效华、李爱花撰写第三章，文香英、简曙光、陆宏芳、刘红晓、王美娜撰写第四章。还有邹丽绢、叶文、吴世韶、龚粤宁、王发国、万涛、沈浩、练琚愉、谷志容、于明坚、吴友贵、李策宏、余道平、禹玉华、刘光裕、龙春林、郑乃员、郑小青、黄彦青、钟智明、李涟漪、赵明水、王亚玲等同志提供了书中部分照片，特此致谢！由于时间仓促，书中不足和错误之处，恳请读者指正！

编者

2021 年 5 月

目录

第一章

植物多样性概要

一、植物多样性的概念

（一）什么是植物

自然界中的树木、灌木、青草、藤本、蕨类、苔藓、绿藻、地衣等都是植物，它们与动物不同，只能固着在一个地方生长，并利用自己制造的有机物来维持生命活动。不同的植物在形态结构、生活习性、环境适应性方面都不相同。从学术角度看，植物细胞有细胞壁和比较固定的形态，大多数植物含有叶绿体并能进行光合作用和自养生活，大多数植物个体在发育过程中能不断产生新的器官，植物对外界环境的变化影响反应不够迅速但会在形态上出现长期适应变化（叶创兴等，2007）（图1.1）。

生物分类对于了解自然界中的生命体具有十分重要的意义。自18世纪瑞典博物学家林奈（Linnaeus）将生物简单地划分为植物界（Plantae）和动物界（Animalia）"两界分类系统"之后，又有原生生物界（Protista）、真菌界（Fungi）和原核生物界（Monera）被先后分出，从而形成了"三界分类系统""四界分类系统"和"五界分类系统"。后来人们又将原核生物分成古细菌（Archaea）和细菌（Bacteria），更有人将原生生物界分成了假菌界（Chromista）和原生动物界（Protozoa）。不同于前述具有细胞结构的生物，病毒（Virus），如新冠病毒和流感病毒，不具有细胞结构和稳定的形态等。

　　20世纪后半叶至今，是生命科学研究和发展的黄金时期，在这个阶段内大量的生物新物种被人们发现并命名。Catalogue of Life（COL，www.catalogueoflife.org）生物目录收录了全球包括病毒在内的2 057 032个种和种下分类群名称，但相对于自然界中庞大的生物种类而言，我们目前的探索还

图 1.1　某自然保护区的植物

图 1.2　植物

A. 苔藓植物　B. 蕨类植物　C. 裸子植物　D. 被子植物

只是开始。

此外，COL 网站数据显示，全世界植物界有 1 045 科 18 545 属 370 236 种 28 661 亚种 22 801 变种 584 变型。传统上一般将植物界分为藻类植物门、地衣植物门、苔藓植物门、蕨类植物门、裸子植物门和被子植物门等六大类（图 1.2），它们在进化程度上依次从低等到高等，其中后三者因茎具有维管束组织有时也被单独认为属于维管束植物门。前两类植物因在繁育过程中没有胚，故称为无胚植物或低等植物；后四类为有胚植物，也称为高等植物（Antonelli et al., 2020）。高等植物是植物界的主体，也是发挥重要生态作用的主角，本书主要对这一类植物进行介绍。正常情况下，被子植物有根、茎、叶、花、果实、种子等六种器官。植物的繁殖方法有播种、孢子繁殖、压条、分株、扦插、嫁接等（贺学礼，2016）。

植物的光合作用是地球上能源和有机物质的最初来源，光合作用从根本上改变了早期地球大气层的组成，使大气层有约 21% 的氧气，这些氧气是大多数生物生存的条件之一。大多数动物依靠植物提供居所、氧气和食物而生存。

如日常生活所见，动物以植物为食，但在自然界中，也有一些植物会"吃"动物，如猪笼草、瓶子草和捕蝇草会吃虫子（图 1.3）。最近的研究

图 1.3 食虫植物
A. 瓶子草 B. 猪笼草 C. 捕蝇草

表明，一些植物也像动物一样，对外界的刺激会有感应：跳舞草在听到音乐时两片小叶会跳动（图1.4），茄子缺水时会呻吟，向日葵在日照时会发出欢悦的叫声，洋葱和胡萝卜种在一起时它们发出的气味会驱逐对方身上的害虫，卷心菜与芥菜种在一起都会枯萎而亡，玉米和甘蔗一起种植能有效防治玉米螟，烟草与番茄种在一起生病时会互相传染，植物性烟雾可以促进乡土植物的种子萌发。

图1.4　跳舞草的两片小叶会随着音乐而跳动

（二）什么是植物多样性

植物多样性就是地球上的植物，以及它们与其他生物、环境所形成的所有形式、层次、组合的多样化，包括植物的物种多样性、植物生态习性和生态系统的多样性（叶创兴等，2007）。植物多样性不仅包括物种多样性，还包括物种的个体丰富程度及其在生态系统中的空间分布上的多样性，分层和时间结构上的变化（即适应性和季节变化）上的多样性，以及它们的代谢产物化学产物成分的多样性（吴征镒和陈心启，2004）。植物种类多样性是植物有机体在与环境长期的相互作用下，通过遗传和变异、适应和自然选择而形成的。图1.5说明了木兰科植物多样性。

保护生物学家认为，植物多样性包含遗传多样性、物种多样性和生态系统（或者称生态环境）多样性三个层次。物种多样性是指一定面积上物种的总数目，常用物种丰富度表示。遗传多样性是指物种种群之内和种群之间的

图 1.5 木兰科植物物种多样性
A. 凹叶厚朴 B. 红花木莲 C. 华盖木 D. 厚朴 E. 乐东拟单性木兰 F. 馨香木兰
G. 长梗木莲 H. 云南拟单性木兰 I. 大果木莲

遗传结构的变异，每一种植物都具有独特的基因库和遗传组成。生态系统多样性是指生态系统之间和生态系统之内的多样性。以植物为主的生态系统一般指植被生态系统，是指某个区域所覆盖的植物群落及其他生物和环境组成的生态系统。此外，在科学研究和政策应用中还提出了景观多样性和功能多样性的概念。

植物多样性反映了植被生态系统中不断增加的组织层次和复杂性，包括基因、个体、种群、物种、群落、生态系统和生物群落等层次，既反映了生物群落与非生物环境相互作用的生态过程，也是生态系统功能多样性的主要驱动力之一（郭文月和沈文星，2020）。在自然界中，我们常见的多样性有植物生境多样性、植物的营养方式多样性、生长环境多样性。此外，自然界中的植物的寿命长短、个体大小、个体形状和结构组成也存在多种多样的情况。

（1）植物的生境多样。中国国土辽阔，海域宽广，跨越了地球上几乎所有的气候带，包括寒温带、温带、暖温带、北亚热带、中亚热带、南亚热带、北热带、热带和南热带等，同时西部有平均海拔在 4 500m 以上的青藏高原、干旱的沙漠和盐碱地，东部有广阔的平原、纵横的河川和绵长的海岸线；中国的地形地貌复杂多变，有山脉、高原、丘陵、盆地、平原、沙漠、戈壁等组合形式。这样复杂多样的自然环境孕育了极其丰富的植物种类和植被类型，中国是全球 12 个巨大生物多样性国家之一。中国现有陆地自然生态系统 683 类、海洋生态系统 30 类。由于降水分布的不均匀，我国从东到西依次出现了针叶落叶阔叶林带、森林草原植被带、草原植被带和荒漠—半荒漠植被带。我国东半部从北到南依次分布着寒温带针叶林带、温带针阔叶混交林带、暖温带落叶常绿阔叶林带和亚热带常绿阔叶林带、热带雨林季雨林带以及赤道雨林带（欧阳志云等，2017）（图 1.6）。

图 1.6　多样的植被类型
A. 高原湿地　B. 高山针叶林　C. 南岭植被　D. 红树林

（2）植物的营养方式多样。大自然中的绝大多数植物都能够吸收二氧化碳、利用光能进行光合作用，制造营养物质，它们被称为自养植物或绿色植物。而异养植物也称非绿色植物，包括寄生植物和菌类寄生植物两类。寄生植物，如肉苁蓉（*Cistanche deserticola*），它们不含叶绿素，不能自行制造营养物质，靠寄生在其他植物体上吸取现成的养分而生活（图1.7）。菌类寄生植物，如天麻（*Gastrodia elata*），它们靠从共生的菌类中获得营养而生活（图1.8）。化学自养植物也是非绿色植物，如硫细菌、铁细菌，它们以氧化无机物获得能量自行制造养分。

图1.7 寄生植物肉苁蓉

（3）植物的生长环境多样。绝大多数植物因生长在

图1.8 菌类寄生植物天麻

陆地上而称为陆生植物，而生活在水中的则称水生植物。陆生植物根据对光的忍受程度不同又分为阳生植物、阴生植物和中生性植物，对土壤和水分的需求和适应程度不同分为旱生植物、中生植物及湿生植物，对土壤中盐碱的忍受程度不同分为盐生植物和中生植物。例如红树林植物对盐土的适应能力非常强（图 1.9）。

图 1.9　红树林

二、植物多样性的功能

（一）植物多样性与生态系统功能

生态系统功能包括生态系统特性、生态系统产物和生态系统服务。生态系统特性包括构成物（如碳和有机物）的储量、物质循环和能量流动过程的速率。生态系统产物具有直接市场价值的生态系统性能，如食品、原材料、医药、用于家养植物、用于生物技术中生产基因产品的基因等，一般通称植物资源价值。生态系统服务是生态系统直接或间接地造福于人类的生态系统性能。

一般地，在一个生态系统中，植物种类越多，生态系统的初级生产量（即植物的生物量）会越多，生态系统对干扰的缓冲能力越强，也就是生态系统越稳定。在一个生态系统中，如生物地球化学循环等对生物多样性的变化不敏感。一个生态系统要维持多功能性不仅需要比单个功能更高的物种丰富度，而且还需要多样化的群落类型。

（二）植物多样性的价值

植物多样性的价值可分为使用价值和潜在价值（选择价值）。使用价值是指被人类作为资源使用的价值，可分为直接使用价值和间接使用价值。

（1）直接使用价值：是指植物为人类提供了食物、纤维、建筑和家具原材料、药物及其他工业原料。以药物为例，发展中国家人口的 80% 依赖植物或动物提供的传统药物保护基本健康，西方医药中使用的药物有 40% 含有最初在野生植物中发现的物质。我国科学家屠呦呦就是因为发现青蒿（图1.10）中青蒿素并提取后治疟疾而于 2015 年获得诺贝尔生理学或医学奖。

（2）间接使用价值：是指间接地支持和保护经济活动和财产的环境调节

图 1.10　青蒿

功能，通常也叫生态功能。当前植物多样性的调节功能表现为涵养水源、净化水质、巩固堤岸、防止侵蚀、降低洪峰、改善地方气候、植被吸收污染物、作为碳汇调节全球气候等（图1.11、图1.12）。

图 1.11　海岸带植被发挥防风固沙作用

图 1.12　海岸带植被发挥多重生态效益

（3）潜在价值：是指许多植物的价值目前还不清楚，如果这些植物灭绝，后代就再也没有机会利用或在各种可能性中加以选择。此外，还有一些人提出存在价值，即伦理或道德价值，指每种生物都有它自己的生存权利，人类没有权利伤害它们，使它们趋于灭绝（《中国生物多样性国情研究报告》编写组，1997）。

目前，植物多样性的价值主要从两个方面进行评估，即植物资源价值和植被生态系统服务价值。

（三）植物资源价值

植物种类的多样性和功能多样性决定了植物资源用途的多样性。从物种多样性这个维度看，植物多样性的功能主要是植物资源的利用。植物和人类的关系极其紧密，植物多样性不仅为人类创造了适宜的生存环境，还为人类提供了丰富的衣食以及各种工业用和医药用原料。在全球50多万种高等植物中，被人类利用的仅5万种，常用的有5 000种，经常利用的有500种，在极限的情况下，人们仅利用50种也能生存下去。

中国的植物种类众多，资源植物丰富。森林类型多，木本植物丰富；草地面积大且类型多，牧草资源丰富；栽培植物种类多，品种资源丰富，中国是世界上栽培作物的三大起源地之一，世界上主要栽培的1 500余种作物中，有近1/5起源于中国；中国园林花卉资源丰富，有"世界园林之母"的称号；还有丰富的药用植物资源，且应用历史悠久。

《中国植物志》根据植物的用途和所含有用成分及性质，将中国植物资源分为如下十六类：纤维植物资源、淀粉植物资源、油脂植物资源、蛋白质（氨基酸）植物资源、维生素类植物资源、糖类和非糖类甜味剂植物资源、植物色素植物资源、芳香植物资源、植物胶和果胶植物资源、鞣质植物资源、树脂类植物资源、橡胶和硬橡胶植物资源、药用植物资源、园林花卉资源，还有蜜源植物和环保植物等其他植物资源（吴征镒和陈心启，2004）。

中国有纤维植物资源483种，常见的有做衣服的苎麻（*Boehmeria nivea*），做草席的石龙刍（*Lepironia articulata*），做扇子用的蒲葵（*Livistona*

chinensis)，做藤筐的黄藤(*Daemonorops margaritae*)，做竹器的毛竹
(*Phyllostachys edulis*)(图 1.13、图 1.14)。

图 1.13　竹制品(1)

图 1.14　竹制品(2)

中国的淀粉植物资源主要是农作物，如水稻、甘薯、马铃薯等，还有野生含淀粉植物 137 种，如锥栗（*Castanea henryi*）和菱角（*Trapa bispinosa*），还有引种的椰枣（*Phoenix dactylifera*）（图 1.15）。我国的农耕文化为世界农业做出了重要贡献，水稻和小米在我国已有数千年的栽培历史，品种资源很丰富。全球 15 种作物贡献了人类 90% 的能量（Antonelli et al., 2020）。

图 1.15　引种的椰枣

研究发现，中国油脂植物资源中，种子含油在 10% 以上的种类有 379 种，超过 20% 以上的达 266 种。例如，樟树（*Cinnamomum camphora*）含丰富的月桂酸，油茶（*Camellia oleifera*）的油含大量的不饱和脂肪酸，在困难时期，曾大量种植的、口感似猪油的油渣果（*Hodgsonia macrocarpa*）种子含油率为 60%~70%。

中国含蛋白质（氨基酸）的植物种类达 260 余种，其中最知名的是大豆（*Glycine max*），它含有丰富的人体必需氨基酸，有良好的营养价值并易于吸收。

现知我国植物资源中含维生素较高的有 80 余种，如野生荠菜（*Capsella bursapastoris*），其鲜叶中维生素 C 含量为 90 mg/100 g，有"维生素 C 果王"之称的猕猴桃属（*Actinidia*）植物，近些年广受关注的刺梨（*Rosa roxburghii*），果实含维生素 C 达 1 000~3 000 mg/100 g，沙棘（*Hippophae rhamnoides*），果实含维生素 C 为 230~1 500 mg/100 g。

中国的糖类和非糖类甜味剂植物资源也较多。例如，甘草（*Glycyrrhiza uralensis*）是中药药方中的常见组分，其甘草甜素的甜度比蔗糖高 100~500 倍。罗汉果（*Siraitia grosvenorii*）中的罗汉果苷的甜度是蔗糖的 300 倍。近些年，糖尿病患者使用的非糖甜味剂甜叶菊（*Stevia rebaudiana*）是原产南美洲的菊科植物。

现知全球植物色素植物资源种类有 1 500 余种，其中我国已初步研究了 70 种。这其中，姜黄（*Curcuma longa*）除做药用于行气破瘀、通经止痛外，还可提取黄色食用色素。在纺织印染中用得较多的是菘蓝（*Isatis indigotica*）和板蓝（*Strobilanthes cusia*）。

中国的芳香植物资源有 1 000 多种，这些植物中比较有名的是做成植物精油的各类花卉植物，如制作桂花油的桂花、做薰衣草油的外来植物薰衣草。传统上，比较有名的是生产樟油和樟脑的樟树，生产薄荷脑的薄荷（*Mentha haplocalyx*）。在泰国菜中，用得比较多的香料植物是香茅草属（*Cymbopogon*）植物（王羽梅，2008）。

中华文明与中药有千丝万缕的联系。中国人民利用的药用植物有 1 万种左右，迁地栽培了 6 949 种（阙灵等，2018）。《中国药典（2020 版）》收载药材和饮片、植物油脂和提取物、成方制剂和单味制剂等共 2 711 种（国家药典委员会，2020）。

中国园林花卉植物资源占世界植物总种数的 70% 左右，中国野生高等植物中 60% 以上可以用于观赏，但栽培的仅千余种，还有很大开发潜力。

栽培花卉中，牡丹、梅花、银杏、珙桐（鸽子树）、菊花、姜科花卉等闻名于世（邢福武，2009）（图1.16）。

图 1.16　牡丹

中国有橡胶和硬橡胶植物资源近 30 种，其中应用最广泛的是引自南美洲的三叶胶树（*Hevea brasiliensis*），在海南和云南有大面积栽培。

我国蜜源植物比较著名的有椴树属（*Tilia*）植物、槐树（*Sophora* spp.）和油菜（*Brassica rapa*）。

环保植物在建设美丽中国中有着重要的作用，人们常用它们来美化环境、提供绿荫、调节温度、降低风速、减少噪声、遮挡隐私和防止水土流失。比较著名的是北方的杨树属（*Populus*），河南兰考县大量种植的泡桐属（*Paulownia*）植物等。

此外，中国还有一些植物胶和果胶植物资源，如田菁（*Sesbania*

cannabina），但开发应用较少；有鞣质（也称单宁）植物资源 200 多种，其中含量较高的有 100 多种，但近些年开发较少；还有树脂类植物资源、土农药植物资源、放养紫胶虫植物；等等。

（四）植被生态系统服务价值

生态系统服务是指人类从生态系统获得的各种惠益，这些惠益包括可以对人类产生直接影响的供给服务、调节服务和文化服务，以及维持其他服务所必需的支持服务。

（1）供给服务：包括从生态系统直接获得的粮食、淡水、薪材、纤维、生物化学物质和遗传资源等。

（2）调节服务：是由生态过程调控功能获得的诸如调节气候、控制疾病、调节水资源、净化水源等惠益。

（3）文化服务：是从生态系统获得的非物质惠益，包括精神与宗教（图 1.17）、消遣与生态旅游、美学、激励、教育、地方感、文化遗产等。

图 1.17 华南地区村落边广泛存在的风水林

（4）支持服务：是指生产其他所有生态系统服务所不可或缺的服务，如土壤形成、养分循环、初级生产等。

这四类服务可以通过影响安全保障、维持高质量生活所需要的基本物质条件、健康以及社会与文化关系等，对人类福祉产生深远的影响（赵永民译，2007）。

中国丰富的植物资源养育了中华民族，孕育了灿烂独特的中华文明，这其中就有独特的植物文化。据统计，5万首唐诗中出现频率最高的植物分别是菊花、牡丹、柳树和枫（图1.18）。当你读到《咏菊》的"冲天香阵透长安，满城尽带黄金甲"时，读到借牡丹透露心事的"花心愁欲断，春色岂知心"时，感受到"羌笛何须怨杨柳，春风不度玉门关"的意境时，沉浸在"月落乌啼霜满天，江枫渔火对愁眠"的忧愁时，植物与诗人心灵的交融是多么美妙。在中国历代诗词总集和十三经中都出现大量的植物（表1.1、表1.2）。

表 1.1　中国历代诗词总集所含植物情况（引自潘富俊，1986）

书名	年代/编著者	诗词总首数	含有植物的首数	占比(%)	植物种类
玉台新咏	南朝梁/徐陵	769	362	47.1	113
唐诗三百首	清/蘅塘退士	310	136	43.9	81
花间集	后蜀/赵崇祚	500	327	65.4	84
宋诗钞	清/吴之振等	16 033	8 449	52.7	260
元诗选	清/顾嗣立	10 071	5 507	54.7	301
明诗综	清/朱彝尊	10 132	5 087	50.2	334
清诗汇	民国/徐世昌	27 420	15 145	55.2	427

图 1.18　唐诗中出现频率最高的植物
A. 牡丹　B. 菊花　C. 假色槭　D. 垂柳

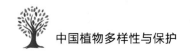

表 1.2　十三经所述及的植物情况（引自潘富俊，1986）

书名	全书植物种类	植物种类举例	备注
周易	14	杨、竹、桑、棘、杞、蓍、蒺藜	
尚书	33	黍、粟、桐、梓、橘、柚	
诗经	137	荇菜、蒹葭等	
周礼	58	梅、桃、榛、菱、芡、萧、茅	
仪礼	35	蒲、栗、葛、枣、茅、葵	
礼记	88	桑、柘、蓍、竹、莞、麻、菅、蒯	原经文 5 种
左传	53	竹、桃、桑、棠棣、粟、黍、麦、稻等	
公羊传	11	李、梅、菽、粟、黍、麦等	原经文 5 种，内文 8 种
毂梁传	16	李、梅、菽、粟、黍、麦等	原经文 5 种，内文 12 种
论语	12	松、柏、竹、栗、麻、瓠、瓜、藻、稻、黍、粟、姜	
孝经	0		
尔雅	254	山韭等	《释草》188 种，《释木》66 种
孟子	23	杞、柳、竹、楸、酸枣、枣、粟、黍、稻等	

（五）植物物种多样性与植被生态系统服务价值的关系

在一个植被生态系统中，植物物种多样性与植被生态系统服务功能呈正相关性，植物多样性能通过提高植被生产力等功能来增强其服务功能，生产力进而可以转化为经济效益、社会效益和生态效益（郭文月和沈文星，2020）。以植物物种多样性为载体的植物资源能为人类社会发展提供大量食材、工业原料和旅游休闲资源，从而实现从自然资源属性到经济价值的转化；从促进艺术创作、提高国民健康素质、促进民族优秀文化传承（图1.19）和景观多样性等方面彰显其人文价值。植被生产力是指植被提供物质产品、生态效益和文化产品的能力，它能够衡量植被生态系统的服务价值。

图 1.19　彝族与杜鹃花

近些年来，理论和经验工作已经确定植物物种多样性是植被生物多样性的核心组成部分，它主要通过生态位互补效应和选择效应来提高植被生产力。在生态位互补效应情景下，增加物种多样性会增加植被中物种功能的多样性，从而实现对有限的资源在不同时间、空间下以不同的方式进行利用，达到资源利用效率最大化，从而加快生物量积累速度，提高植被的生产力。在选择效应情景下，具有特殊功能的优势植物物种，根据优胜劣汰理论，物种多样性丰富的植被有更大的概率包含高产物种，并且容易被最高产的植物物种所控制，进而提高植被生产力（Gamfeldt et al., 2013）。在植物物种多样性丰富度不同的植被生态系统和植被的不同发育时期，生态位互补效应和选择效应交替作用于植被生产力。植物物种多样性有利于提高植被生态系统保持水土、涵养水源、防风固沙和调节气候等服务功能（Symstad et al., 2003）。还有理论认为，植被生态系统内部分为不同功能群，各个功能群内部的物种可以相互替代，因而植被生态系统内部一个或多个物种丧失而产生的影响可以由其他物种进行补偿。但是，由于有些物种对生态系统功能具有独特或唯一的贡献，它们的丧失就会影响植被生态系统的功能。特别是植被生态系统中丧失的物种增多可能会影响其功能。总之，植被生态系统中，植物物种多样性在生态位互补效应和选择效应的共同作用下能提高森林生产力，进而提高其生态系统服务功能。

第二章

中国植物多样性概况

一、苔藓植物多样性

（一）苔藓植物多样性、分布及特点

　　苔藓植物是仅次于被子植物的第二大类群。苔藓植物体虽小，但在林地、沼泽和高山等生态系统中发挥着维持水分平衡、减少土壤侵蚀、固碳及减缓全球变暖等极为重要的作用（图2.1）。另外，苔藓是不毛之地的先锋植物，也是很多小型无脊椎动物和昆虫的栖息场所、食物来源。由于苔藓的体表缺少角质层，叶片多为一层细胞厚度，它们对空气或水体中的污染物要比维管植物敏感，因而也常作为环境污染的指示植物。

图2.1　苔藓植物生境多样性

A.高山瀑布　B.山地树干　C.林下湿地　D.河流石上

苔藓植物与维管植物迥异，它们结构简单，缺少维管组织，不开花结果，以孢子繁殖，生活史中以配子体世代占优势，孢子体必须依附配子体生存。由于孢子细小，单靠风吹便能长距离传播，因此它们的分布区通常较维管植物大得多，因而其特有性较低。

全球的苔藓植物接近 21 000 种，包括苔类、藓类和角苔类三大类，其中藓类约 13 000 种，苔类约 7 500 种，角苔类约 200 种。最新的研究显示苔藓植物是单系类群，与维管植物形成姊妹群。

苔藓植物由于体态细小，缺少维管组织，形成化石概率较低，科学家所发现的少量化石难以准确推测苔藓如何起源及苔藓植物各类群之间的演化关系。在现存的陆地植物中，苔藓植物一向被认为是最早从水生环境登上陆地的植物类群，登陆的时间发生在距今 5 亿 ~4 亿年前。但近年兴起的比较进化基因组学逐步揭开了陆地植物起源的奥秘。最新的研究显示链形植物（Streptophyta）的双星藻纲（Zygnematophyceae）的一个单细胞绿藻（*Spirogloea muscicola*）是最早分化出来的所有陆地植物最近缘的共同祖先，苔藓植物和维管植物极可能由它们演化而来。

中国疆域辽阔，跨越多个气候带，是世界上苔藓植物多样性最为丰富的国家之一，同时很多居于系统演化上重要位置和珍稀的种类也产自中国。根据《中国生物物种名录》数据库，中国有苔藓植物 150 科 591 属 3 021 种，占世界种数的 14.4%。虽然新物种和新分布种被不断发现，例如，新属高鳞苔属（*Gaolejeunea*）、云南藓属（*Yunnanobryon*）、卷鞭藓属（*Mawenzhangia*）、亮蒴藓属（*Shevockia*），新种贵州短角苔（*Notothylas guizhouensis*）、澳门凤尾藓（*Fissidens macaoensis*）、昆仑对齿藓（*Didymodon kunlunensis*）、钝叶孔雀藓（*Hypopterygium obstusum*）和习氏小金发藓（*Pogonatum shevockii*）等，加上分类学修订导致属种的归并和位置的变更，上述数字依然处在动态变化中，但这基本上反映了中国苔藓植物的概貌（图 2.2）。

与种子植物相比，中国苔藓植物的特有属、种明显较少。中国种子植物

图 2.2　苔藓植物物种多样性
A. 贵州短角苔　B. 泥炭藓　C. 卷叶曲背藓　D. 习氏小金发藓　E. 云南藓　F. 亮叶珠藓

特有性较高，包括265个特有属，约占总数的6.7%；特有种16 075种，约占总数的53.5%。按照吴鹏程等（2017）的统计，中国苔藓植物特有属仅12属，约占总数的2.0%；特有种524种，约占总数的17.4%。在属级水平，如果算上分布在中国的东亚特有属45个，它们的主要分布中心有3处：第一个是横断山区，分布了2/3的东亚特有属和中国特有属；第二个是金佛山和梵净山区，分布了 3/5 的东亚特有属和中国特有属；第三个是华东区，分布了 1/2 的东亚特有属和中国特有属。在地理分区上，中国苔藓植物的分布可分为岭南区、华东区、华中区、华北区、东北区、华西区、横断山区、云贵区、青藏区和蒙新区等 10 个区。

（二）苔藓植物资源现状及保护和利用

近十多年来，苔藓植物在园林园艺方面的应用日益走俏。它们主要作为植物远距离运输的包覆材料以及栽培珍贵观赏植物的基质，比如栽培兰花；另外苔藓园艺也逐渐成为高端的时尚，如小到苔藓生态瓶、盆景和花艺，大到立体景观墙、苔藓园，导致对苔藓植物的需求量猛增，特别是泥炭藓属（*Sphagnum*）和白发藓属（*Leucobryum*）植物。在北美洲和欧洲，泥炭藓形成的泥炭常作为发电厂的原料，是苔藓植物最重要的经济用途。在民间，少数苔藓有药用价值，中国报道有 60 余种。在国内外的一些科研机构和大学的实验室中，某些苔藓植物被用作模式植物，进行分子生物学、基因组学、发育学的研究，最常用的是小立碗藓（*Physcomitrella patens*）。

苔藓所面临的威胁与其他的生物差不多。一方面，生态环境的破坏和全球变暖已威胁到它们的生存。过去几十年，我国由于经济的快速发展导致其栖息地消失或减小，不少苔藓植物受到的威胁日趋严峻，居群急剧减小，甚至濒临灭绝。20 世纪五六十年代在华南地区常见的南亚紫叶苔（*Pleurozia acinosa*），现在已很难发现它们的踪迹。另外，在华南地区湿润沟谷林下常见的叶附生苔，对环境改变极为敏感，生存面临严峻挑战。另一方面，由于园林园艺的大量使用所导致的野外滥采滥挖，对泥炭藓和白发藓的破坏尤为严重。

到目前为止，苔藓植物并未纳入政府颁布的红皮书或保护名单中。何强和贾渝（2017）编写的《中国苔藓植物濒危等级的评估原则和评估结果》和覃海宁等（2017a）的《中国高等植物受威胁物种名录》对中国产 3 221 种苔藓植物进行评估，结果表明我国处于极危（CR）等级的苔藓植物有 16 种，濒危（EN）等级的有 58 种，易危（VU）等级的有 112 种，近危（NT）等级的有 214 种，无危（LC）等级的有 1 900 种，数据缺乏（DD）的有 921 种。受威胁的（包括极危、濒危、易危）苔藓植物有 186 种（图 2.3）。

图 2.3　苔藓植物珍稀物种
A. 拟短月藓（CR）　B. 高氏对齿藓（VU）　C. 折叶黄藓（VU）
D. 兜叶小黄藓（VU）　E. 东亚虫叶苔（VU）　F. 瓢叶直蒴苔（VU）

泥炭藓已成为高端花草的最佳种植基质之一，市场需求量很大。国内市场供应的一部分来自进口，一部分来自野外的采挖。在东北林区和贵州山区，泥炭藓的采挖就很严重。虽然能给当地少数人带来一定的经济收益，但盲目采挖，必然破坏自然环境，引发生态失衡。近十来年，泥炭藓人工栽培兴起，贵州中部、南部多地都有人工栽培。老乡们把原来种水稻的一部分稻田改种了泥炭藓，经济效益大概是种水稻的 2~3 倍，更大的好处是减少了野外采挖，保护了环境。

由于苔藓生态瓶和室内苔藓景观的流行，直接促使一些企业转到苔藓的人工种植上。如浙江的一些公司通过营造适合苔藓生长的人工环境，生产了包括匍灯藓属（*Plagiomnium*）、大灰藓（*Hypnum plumaeforme*）、卷柏藓属（*Racopilum*）、东亚长齿藓（*Niphotrichum japonicum*）和青藓属（*Brachythecium*）等种类。它们开发的苔藓种植技术，被引入农村，协助扶贫和科普旅游，助力了乡村经济振兴（图2.4）。

图2.4 泥炭藓的人工栽培和苔藓种植基地

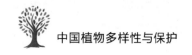
（三）中国苔藓植物研究展望

中国苔藓植物的系统调查和研究始于 20 世纪 30 年代，由中国苔藓植物的奠基人陈邦杰教授启动，至今已 90 余年。但时至今日，我们对于中国苔藓植物的本底了解并不充分，还有很多工作要做。在目前和今后相当长一段时间，需要重点关注的工作包括：①中国苔藓植物本底状况尚未摸清，基础工作不能停步。《中国苔藓志》目前尚有 2 卷（第 11 卷和第 12 卷）未完成，需要加速推进。另外，《中国苔藓志》藓类部分（第 1~8 卷）出版了英文修订版 *Moss Flora of China ： English Version*，但苔类部分就完全没有计划。②野外工作和标本鉴定不足。一方面至今仍有不少偏僻地方尚未进行过系统的野外采集，空白待补充；另一方面，国内不少标本馆的馆藏苔藓标本不少，但鉴定的数量有限，多数不到一半，需要加强。③苔藓的保育工作远远落后于其他类群，可能的原因包括重视不够、缺少专业人员等。绝大多数科研机构、林业部门或大学未把苔藓植物列入保护内容。④研究队伍貌似变大，但从事最基本工作的高质量人才（分类学家）不足，需要培养接班人。⑤公众对苔藓的了解普遍较少，应加强对苔藓的科普教育工作，让更多人了解、关心苔藓。⑥对某些有重要应用前景的苔藓进行人工繁育攻关，减少滥采对环境和资源的破坏。白发藓是目前苔藓高端园艺市场的明星物种，市场需求量很大。但目前由于人工培育难度大，生长速度也不快，市场上的绝大多数来自野外采挖，对生态的破坏很大。建议科研机构参与到苔藓的人工繁育中，攻克白发藓培育技术的难关。

二、石松类和蕨类植物多样性

（一）石松类和蕨类植物简介

石松类和蕨类植物是自然史上的一个奇迹，是地球上最早出现的不开花维管植物的统称。蕨类植物是陆生维管植物中第二大类群，距今已有4亿多年的演化历史，曾是地质历史中地球植被最主要的组成成分，侏罗纪末期随着有花植物的兴起，蕨类植物多演化成为有花植物森林下耐阴植物的主体或攀缘至林冠层成为附生植物，有着较为繁杂的家族和多样性。蕨类植物在生活史中孢子体较配子体发达，并有了根、茎、叶的分化和较原始的维管组织，通过孢子来繁殖后代，其孢子体和配子体均能独立生活，两者交替出现，但孢子体在生活史中占优势。孢子囊中的孢子散布出去后，在适宜的环境中萌发形成带有精子器和颈卵器的配子体，精子器中的精子和颈卵器中的卵子结合形成的受精卵又可以发育成孢子体（图2.5）。

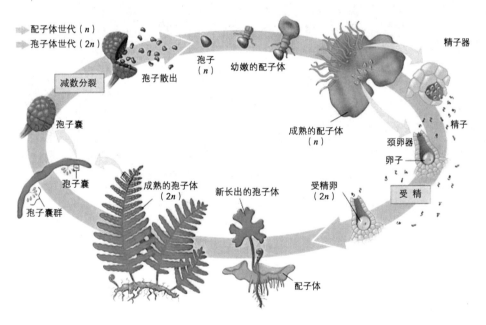

图2.5 蕨类植物生活史（引自严岳鸿和石雷，2014）

全世界现存石松类和蕨类植物多为中小型草本植物，约12 000种，隶属51科，337属，广泛分布于世界各地，尤其以热带和亚热带地区种类最多，具有土生、水生、石生、附生的生境类型和草本、藤本、灌木以及小乔木等丰富多样的生态类型（图2.6）。

图2.6　石松类和蕨类植物物种多样性
A.垫状卷柏　B.松叶蕨　C.七指蕨　D.苏铁蕨　E.喜马拉雅双扇蕨
F.荷叶铁线蕨　G.团扇蕨　H.藏布鳞毛蕨　I.瓦韦

（二）石松类和蕨类植物的分类与系统发育

　　传统的蕨类植物分为松叶蕨亚门、石松亚门、水韭亚门、楔叶蕨亚门和真蕨亚门等五个亚门，其中前四个亚门称为拟蕨类植物，真蕨亚门称为真蕨类植物。现代分子系统学研究又将现代蕨类植物分为两个大类：石松类和蕨类，其中石松类包括了石松科、水韭科和卷柏科，其他类群都称为蕨类植物。

　　由于我国喜马拉雅地区的海拔和气候变化差异大，在垂直地带上植被从低海拔的热带雨林向高海拔的高山草甸甚至冰川过渡，因此这一地区孕育了丰富的蕨类植物，成为我国蕨类植物最为丰富的地区，也是世界植物多样性的热点地区之一。2020 年发布的《中国生物物种名录》收录了中国石松类和蕨类植物 39 科 171 属 2 357 种（含种下分类单元），其中特有种 955个，占总种数的 40.52%。其中鳞毛蕨科种数最多，有 540 种，占总种数的22.91%。另外，种类数达到 200 种以上的科还有蹄盖蕨科（329 种）、水龙骨科（287 种）、凤尾蕨科（271 种）和金星蕨科（210 种），这 5 个科包含了 85 属 1 637 种，占总属数的 49.71%，总种数的 69.45%。仅含 1 个属的科有 17 个，占总科数的 43.59%；仅含 1 个种的科有 2 个，分别是松叶蕨科和翼囊蕨科。

对全球石松类和蕨类植物系统发育进行分析发现，石松类（石松科、水韭科和卷柏科）被认为是维管植物的最早分支，也是现存种子植物和其他蕨类植物的共同祖先分支。蕨类植物中的木贼科、松叶蕨科、瓶尔小草科和合囊蕨科较为原始，形态多样且数量庞大的水龙骨科是较为进化的类群（图 2.7）。

（三）中国石松类和蕨类植物的物种组成和地理分布特点

中国共有石松类和蕨类植物 171 属，种数最多的属为耳蕨属（*Polystichum*），有 242 种。包含 90 种以上的属还有鳞毛蕨属（*Dryopteris*）176 种、蹄盖蕨属（*Athyrium*）155 种、双盖蕨属（*Diplazium*）101 种、铁角蕨属（*Asplenium*）100 种和凤尾蕨属（*Pteris*）98 种，这 6 属共包含了 872 种，占总种数的 37.00%。

中国石松类和蕨类植物共有特有种 955 个，其中鳞毛蕨科特有种最多，达到 292 个，占该科种数的 54.07%，占中国特有种总数的 30.58%。其他特有种数达到 100 种的科还有蹄盖蕨科（173 种）、凤尾蕨科（118 种）和金星蕨科（107 种）。特有种在科中比例达到 50% 的科还有水韭科（100%）、肿足蕨科（70.00%）、轴果蕨科（60.00%）、合囊蕨科（54.84%）、蹄盖蕨科（52.58%）、金星蕨科（50.95%）。在属级水平上，鳞毛蕨科耳蕨属的特有种最多，达到 173 个，远远超过其他属，占该属总种数的 71.49%；排在第二

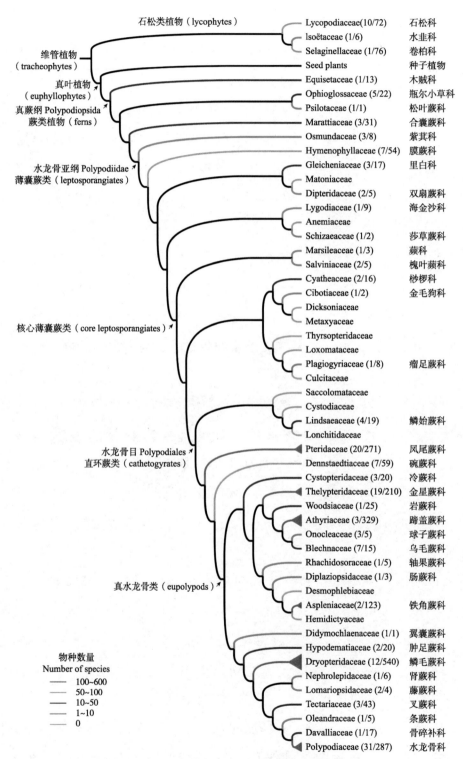

图 2.7　世界石松类和蕨类植物科级系统发育树
（括号中的数字分别表示中国的属数／种数）

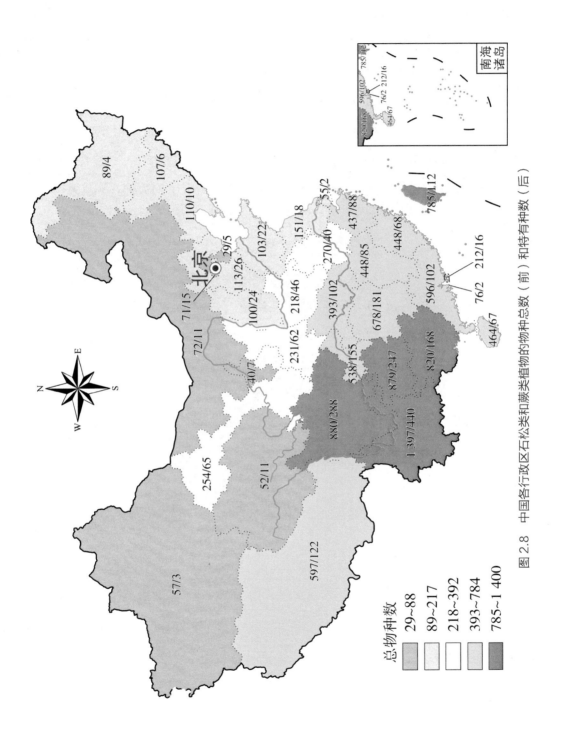

图 2.8　中国各行政区石松类和蕨类植物的物种总数（前）和特有种数（后）

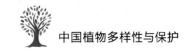

的是蹄盖蕨科的蹄盖蕨属，有 83 种，占该属种数的 53.55%；第三的是鳞毛蕨科鳞毛蕨属，有 61 个。鳞毛蕨属和耳蕨属共有 234 个特有种，占鳞毛蕨科特有种总数的 80.14%。

在地理分布上，中国 34 个省、自治区、直辖市、特别行政区中，石松类和蕨类植物种类最丰富的云南有 1 397 种，其次为四川（880 种）、贵州（879 种）、广西（820 种）和台湾（785 种）。另外，云南的中国特有种也最多，有 440 个，其次分别为四川（288 种）、贵州（247 种）、湖南（181 种）、广西（168 种）和重庆（155 种）。省级特有种的数量最多的也是云南省，有 206 种，其次分别是台湾（64 种）、四川（57 种）、西藏（51 种）、贵州（47 种）和海南（37 种）等（图 2.8）。

中国拥有如此丰富的石松类和蕨类植物与中国独特的地理环境密切相关，尤其是喜马拉雅山脉的隆起对中国石松类和蕨类植物区系组成具有重要的影响，许多类群在该地区形成较多的特有种，成为该类群在喜马拉雅地区的分布中心。如中国石松类和蕨类植物的两个优势科鳞毛蕨科和蹄盖蕨科，二者共有 869 种，占中国石松类和蕨类植物种类总种数的 36.87%，且尤以鳞毛蕨属、耳蕨属和蹄盖蕨属居多；这 3 属均以喜马拉雅山脉为分布中心（秦仁昌和武素功，1980），向华东递减，因此有学者形象地将喜马拉雅经我国西南至华东到日本这一区域称为"耳蕨—鳞毛蕨植物区系"（孔宪需，1984）。

中国华南地区属于热带及亚热带气候，蕨类种类丰富。其中，台湾和海南等热带岛屿虽然远离喜马拉雅山脉的蕨类分布中心，但由于其地理位置的特殊性，其区系成分具有明显的热带亲缘，组成受到明显的热带亚洲植物区系影响。中国西北、华北及青藏高原地区种类贫乏，主要分布一些矮小的耐旱、耐寒的种类。中国东北地区种类也很少，但该地区分布着一些特殊的石松类和蕨类属种，这些属种属于东亚—北美间断分布类群，是东亚—北美间断分布成分最为集中的地区。

（四）中国石松类和蕨类植物资源利用及保育现状

蕨类植物的利用历史源远流长。早在我国周朝初年，就有伯夷、叔齐二人采蕨首阳山（河北迁安市南）、以蕨为食的记载。目前，被人们广泛食用的种类有蕨（*Pteridium aquilinum* var. *latiusculum*）、菜蕨（*Diplazium esculentum*）、紫萁（*Osmunda japonica*）、乌毛蕨（*Blechnum orientalis*）、荚果蕨（*Matteuccia struthiopteris*）等百余种蕨类植物。蕨类植物也有近百种为重要的药用植物，常见的如海金沙（*Lygodium japonicum*）、阴地蕨（*Botrychium ternatum*）、骨碎补（实为槲蕨 *Drynaria roosii*）等。近年来，从石松类植物石杉属（*Huperzia*）中提取的石杉碱甲也成为我国少数几个有自主知识产权并在国内外广泛推广的医药产品。中国研究人员还从古老的蕨类植物芒萁（*Dicranopteris pedata*）中分离出具有抗艾滋病病毒的活性成分。在环境保护方面，近年来发现蕨类植物蜈蚣草（*Pteris vittata*）是剧毒物质砷的超富集者，为环境污染治理带来了福音。

然而，随着森林生境的破坏和蕨类资源的过度采挖，众多蕨类植物日益成为珍稀濒危蕨类植物。经对中国蕨类植物开展濒危等级评估，中国目前所知的蕨类植物共计极危（CR）43 种、濒危（EN）68 种、易危（VU）71 种、近危（NT）66 种、无危（LC）1124 种、数据缺乏（DD）872 种。受威胁种类（包括极危、濒危和易危）共计 182 种。如东方水韭（*Isoëtes orientalis*）、台湾水韭（*Isoëtes taiwanensis*）、云贵水韭（*Isoëtes yunguiensis*）、直叶金发石杉（*Huperzia quasipolytrichoides* var. *rectifolia*）、秦氏莲座蕨（*Angiopteris chingii*）、梅山铁线蕨（*Adiantum meishanianum*）、荷叶铁线蕨（*Adiantum nelumboides*）、台湾曲轴蕨（*Paesia taiwanensis*）、海南金星蕨（*Parathelypteris subimmersa*）、尾羽假毛蕨（*Pseudocyclosorus caudipinnus*）、基羽鞭叶耳蕨（*Polystichum basipinnatum*）等，虽然已经将石杉科、水韭科、莲座蕨科、桫椤科、金毛狗科及水蕨属（*Ceratopteris*）等 120 余种蕨类列入国家重点保护野生植物名录，但目前仅对少数濒危蕨类种类开展了有效的保护工作，中国

图2.9　我国部分国家重点保护和珍稀石松类和蕨类植物
A.桫椤（国家Ⅱ级重点保护野生植物）　B.中华水韭（国家Ⅰ级重点保护野生植物）
C.苏铁蕨（国家Ⅱ级重点保护野生植物）　D.水蕨（国家Ⅱ级重点保护野生植物）

濒危蕨类植物日益濒危的态势尚未得到有效的遏制（图2.9）。

三、裸子植物多样性

（一）裸子植物多样性概要

裸子植物是陆地植物演化的关键过渡类群。裸子植物的胚珠裸露或部分裸露，代表了种子植物中的原始传代线，是从孢子植物向种子植物演化的关键转换群。它们起源古老，最早的种子可追溯至中泥盆世（约3.85亿年前）。裸子植物经历了中生代的繁盛，曾与恐龙一起称霸陆地生态系统。古近纪及新近纪以来，由于环境变化和被子植物的竞争，其在陆地生态系统中的优势地位逐渐被取代，目前是陆地植物四大门类中现存种类最少的一类，仅存4亚纲8目12科85属1 118种。

裸子植物各类群南北半球有明显分化。苏铁目（包含苏铁科和泽米铁科）、南洋杉目（包含南洋杉科和罗汉松科）、柏科（仅澳柏亚科）、买麻藤科和百岁兰科以热带南半球分布为主，而银杏科、金松科、松科、柏科（除澳柏亚科外）、红豆杉科和麻黄科则以北温带分布为主。裸子植物在南半球热带保存了更古老的支系。裸子植物起源古老，过去人们一提到裸子植物就想当然地认为它们的现代种类也很古老，是活化石。然而，近年来的系统发育和分子钟研究表明，裸子植物的大部分现存种类是新生代以来才分化形成的，苏铁类的物种甚至是在晚中新世同时辐射分化形成；对于松柏类植物来说，北半球的物种更新速率较快，而南半球由于气候温暖湿润，保留了更古老的传代线，现存物种的年龄较北半球的更老；买麻藤类也类似，麻黄科现代种类在渐新世以来才分化产生，而买麻藤科现代支系的分化要早得多，在晚白垩世就开始分化了（图2.10）。

裸子植物对人类很重要。虽然裸子植物的物种多样性低，但是它们在

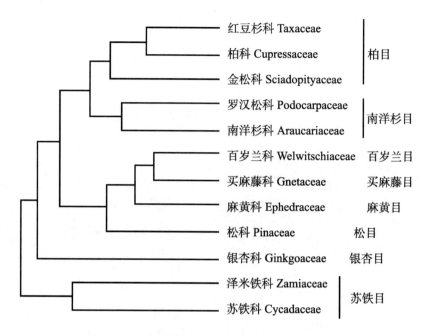

图 2.10　裸子植物现存科之间的系统发育关系

陆地生态系统中却起着举足轻重的作用。全球森林面积的 39% 以上由裸子植物构成，很多裸子植物种类是建群种，甚至构成大面积的纯林。另外，裸子植物还有重要的经济价值，与人类生活息息相关。松属（*Pinus*）、落叶松属（*Larix*）植物、杉木（*Cunninghamia lanceolata*）、红杉（*Sequoia sempervirens*）等为重要的材用树种；药用植物有银杏（*Ginkgo biloba*）、红豆杉属（*Taxus*）和麻黄属（*Ephedra*）植物等；食用种类有香榧（*Torreya grandis*）、红松（*Pinus koraiensis*）和买麻藤属（*Gnetum*）植物等；观赏和园林绿化种类，如雪松（*Cedrus deodara*）及苏铁属（*Cycas*）和罗汉松属（*Podocarpus*）植物等。

（二）中国裸子植物多样性与分布

中国是裸子植物的重要产区，产 4 亚纲 7 目 8 科 37 属 260 种，有着鲜明的特点：物种多样性高、特有繁多、古老孑遗丰富且新老并存。苏铁类、银杏类、松柏类和买麻藤类四条主要传代线在中国全部有代表种类。全球

8个目中，除了百岁兰目以外其余7目中国全产，即苏铁目、银杏目、松目、南洋杉目、柏目、麻黄目和买麻藤目，占全球总数的87.5%。科级水平上，除了泽米铁科、金松科、南洋杉科、百岁兰科外，其余8个科中国均产，占全世界科数的66.7%，其中包含一个特有科，即银杏科。属级水平上，中国分布37属，占全球总属数的43.5%，其中包含6个特有属，即银杏属（*Ginkgo*）、银杉属（*Cathaya*）、长苞铁杉属（*Nothotsuga*）、金钱松属（*Pseudolarix*）、水杉属（*Metasequoia*）和白豆杉属（*Pseudotaxus*），均为单型、古老、孑遗植物。此外，还有一些属为近特有孑遗属，如台湾杉属（*Taiwania*）、水松属（*Glyptostrobus*）、杉木属（*Cunninghamia*）、福建柏属（*Fokienia*）、金柏属（*Xanthocyparis*）等。种级水平上，中国产260种，占全球总种数的23.3%，其中特有种比例达42.8%。这些现存种中既有古老孑遗物种，也有比较晚分化产生的物种。较为古老的物种包括攀枝花苏铁（*Cycas panzhihuaensis*）、银杏、水杉（*Metasequoia glyptostroboides*）、台湾杉（*Taiwania cryptomerioides*）、杉木、陆均松（*Dacrydium pectinatum*）、鸡毛松（*Dacrycarpus imbricatus* var. *patulus*）、斑子麻黄（*Ephedra rhytidosperma*）等。西南横断山区分布的云杉属（*Picea*）植物比较集中，其形态分化很小。冷杉属（*Abies*）的很多物种可能是晚中新世以来才分化产生，这些物种适应冷湿环境，在冰期时向低海拔区扩散，分布区扩张，形成较大的分布区；在间冰期时向高海拔区迁移，分布区收缩，形成我国南方亚热带地区山头聚集分布，如百山祖冷杉（*Abies beshanzuensis*）、梵净山冷杉（*Abies fanjingshanensis*）、资源冷杉（*Abies ziyuanensis*）和巴山冷杉（*Abies fargesii*）等（图2.11）。

中国裸子植物的空间分布有显著的地理格局。总体上看，物种多样性呈现南高北低的基本格局。西南横断山区是裸子植物的物种多样性中心，广西北部、华中和福建山区的物种多样性也较高，而在青藏高原（藏东南除外）、西北、东北和华东地区的物种多样性较低。苏铁类我国仅产苏铁科苏铁属，

图 2.11 现存裸子植物物种多样性示例
A. 篦齿苏铁 B. 银杏 C. 雪松 D. 红松 E. 草麻黄 F. 红豆杉

物种多样性集中在云南和广西一带。银杏过去认为是浙江天目山特有，近年来研究表明，我国西南地区的贵州、重庆以及南岭也是其冰期避难地。松科和柏科的多样性格局类似，多样性中心位于横断山区。罗汉松科和红豆杉科的天然分布区位于中国南方，罗汉松科的物种多样性在海南、云南较高，红豆杉科四川、云南、西藏所在的横断山区比较集中。中国产麻黄科和买麻藤科的分布区不重叠，麻黄科在干旱区分布，以新疆最多，而买麻藤科在云南南部较多。裸子植物的物种多样性与年均温、最冷季均温、年降水、最冷季降水、湿润指数、实际蒸散量、海拔高差、年均温空间变异和年降水空间变异呈显著正相关，而与末次冰期以来的气温变化呈显著负相关。生境异质性因子对裸子植物物种多样性格局的影响最大。

（三）中国裸子植物的濒危状况与保护

随着人口增长和经济飞速发展，全球气候变化、过度利用、生境丧失、环境污染和外来种入侵等已经成为全球物种威胁的重要因素。世界自然保护联盟（IUCN）是全球最大的环保组织，该组织制定红色名录评估标准，并组织全球分类学专业人员开展红色名录评估，如此可以获得全球物种的生存现状和濒危情况，据此制定恰当的物种保育策略。目前已评估的全球5万多种植物22%的物种受到威胁，这些物种多数集中在对自然资源比较依赖的欠发达地区。苏铁类和松柏类的受威胁程度均较高。《全球植物保护战略》（GSPC）和联合国《生物多样性公约》号召并要求全球各国政府积极履约，保护地球上的濒危物种。

中国最近开展了植物物种的红色名录评估工作，结果显示我国高等植物约10%的物种受到威胁，低于世界平均值。但我国裸子植物受威胁程度远高于平均水平，受威胁种类占评估种类的比例达到了59%，包括极危37种，濒危35种，易危76种，共148种（图2.12）。

在实践上，我国针对裸子植物的保育行动也做了大量的保育研究。如对国家Ⅰ级重点保护野生植物银杉（*Cathaya argyrophylla*）、水松（*Glyptostrobus pensilis*）、苏铁属植物、百山祖冷杉（*Abies beshanzuensis*）等都实施了大量拯救性的保护行动，并取得了一定的成效。

在野外调查基础上开展的深入研究和分析表明，裸子植物物种的致危因素包括七大类，即气候变暖、生境退化、分布面积过小、种群小、过度利用、自身繁育问题和病虫害等。各因素之间常常不是单独作用，而是彼此交织，导致物种濒危。如何积极开展针对性的保育策略保护好我国的濒危裸子植物是当前我国政府有关部门和研究机构需要迫切开展的课题。

图 2.12　我国部分国家重点保护和珍稀濒危裸子植物
A. 攀枝花苏铁（国家Ⅰ级重点保护野生植物）　B. 广东五针松（国家Ⅱ级重点保护野生植物）
C. 斑子麻黄（EN）　D. 水松（国家Ⅰ级重点保护野生植物）

四、被子植物多样性

　　和裸子植物相比，被子植物有了真正的花，其胚珠也不像裸子植物那样裸露地生长在大孢子叶球上，而是被小心翼翼地包藏于子房内并和子房一起发育形成果实，果实不但能保护种子，而且又帮助种子以各种方式进行传播和散布。

　　此外，被子植物还存在着独特的双受精作用，即花粉在柱头上萌发后形成直达胚囊珠孔的花粉管并释放出两个单倍体的精细胞，其中一个精细胞跟单倍体的卵细胞融合形成二倍体的受精卵，另一个精细胞跟中央细胞中的两

图2.13　被子植物的花和种子（以木棉为例）

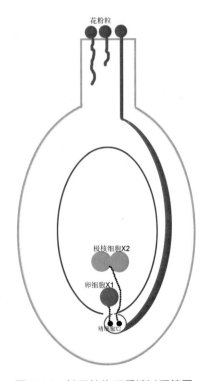

图2.14　被子植物双受精过程简图

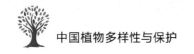

个单倍体的极核同时受精形成三倍体的初生胚乳核（图 2.13、图 2.14）。

受精卵发育成的胚具有双亲的遗传特性，在保证物种相对稳定性的同时，还加强了后代个体的生活力和适应性，并为可能出现新的变异性状提供了重要遗传基础；初生胚乳核发育成的胚乳同样也结合了亲本的遗传特性，更适合为胚发育和种子萌发提供丰富的营养，增加了子代的生存竞争力。因此，被子植物的双受精作用是植物在进化过程中的最高级形式，为子代"不输在起跑线上"提供了最充足的物质条件，使它在自然界复杂的生存竞争和自然选择过程中，不断产生新的变异和新的物种，这也是被子植物在地球上最为繁盛的重要原因之一。

1998 年美国 *Science* 杂志报道了"世界最古老的花"——辽宁古果（*Archaefructus liaoningensis*）的化石（图 2.15）。这朵"最美丽也是最丑陋的花"的被发现，将被子植物最晚出现的时间锁定在距今约 1.25 亿年前的中生代早白垩世时代（Sun et al.，1998；Swisher et al.，1999；Zhou et al.，2003），也或许为更早 2 亿年前的晚侏罗世时代（Sun et al.，2002）。

最新的基于分子数据的研究结果表明，被子植物起源于距今 2 亿多年前的中生代晚三叠世的瑞替期（Rhaetian）。此后在长达 1.4 亿年间，经侏罗纪至晚白垩世，被子植物逐渐崛起、分化并取代裸子植物在陆表占据了主导地位，重塑了地球各大陆块的主要生态系统格局，极大地影响了昆虫、两栖动物、哺乳动物、蕨类植物以及许多其他生物类群的多样化进程（Li et al.，2019）。在当今世界的植物界中，被子植物是最为进化、种类最多、分布最广和适应性最强的类群，也是在地球上出现最晚的一类植物。与其他陆生植物相比，被子植物因其形态变化多样而更能适应不同的生境，所以除了南极洲以南外，在地球上大部分陆地、河流、湖泊以及近岸的海水中都能见到被子植物的身影。

被子植物中绝大多数种类为自养型，它们具有叶绿体，可以依靠太阳光、

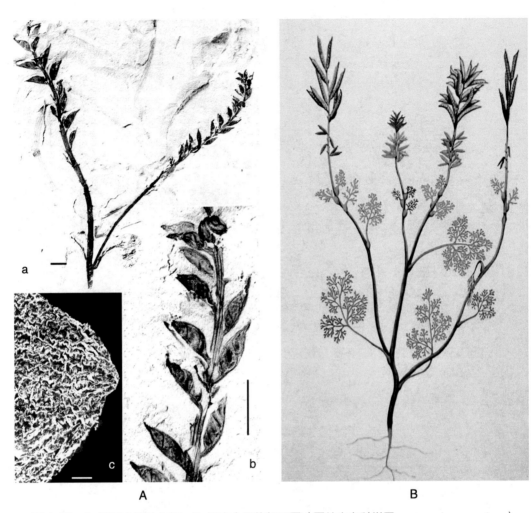

图 2.15 A. 辽宁古果的化石 B. 辽宁古果的复原图（图片来自科学网 www.sciencenet.cn）

（左，a. 主模式 SZ0916 b. 放大后的子房 c. 种子一部分。图片来自 Sun et al., 1998）

二氧化碳、水和无机盐进行光合作用形成有机物。但有些被子植物缺乏叶绿素，不能进行光合作用，它们要么通过菌根来获得营养，要么寄生于其他植物上生长，前者被称为菌根异养植物（Mycoheterotrophy），主要为兰科植物，如兰科（Orchidaceae）的天麻属（*Gastrodia*）植物、霉草科（Triuridaceae）和水晶兰亚科（Pyroloideae）所有植物、水玉簪科（Burmanniaceae）部分植物；后者被称为寄生植物，如最为典型的菟丝子属（*Cuscuta*）、锁阳科（Cynomoriaceae）、蛇菰科（Balanophoraceae）所有植物以及列当科

图 2.16　被子植物中的异养型植物
A. 大柱霉草　B. 水晶兰　C. 纤草　D. 金灯藤　E. 葛菌　F. 野菰

（Orobanchaceae）部分属植物等（图 2.16）。

　　由于植物物种变异非常复杂、分类学研究手段的不断提高以及植物分类学研究人员的匮乏，再加上不同的人对于"物种概念"的理解和分类学方法掌握程度不同，现在很难对全球或一个地区被子植物的数量进行准确统计。如 Catalogue of Life（2020）的统计数据显示全球被子植物有 383 962 个分类群（334 422 种、27 829 亚种、21 162 变种及 549 变型），隶属 456 科 13 588 属。而 The Plant List（www.theplantlist.org）目前收录到全球被子植物的种类有 405 科 14 559 属，种和种下等级的分类群有 324 810 个。当今被子植物中含有种类数目超过万种的大科包括菊科（1 725 属 35 447 种 5 618 亚种 1 927 变种 65 变型）、兰科（799 属 29 572 种 32 亚种 52 变种 1 变型）、豆科（737 属 20 861 种 1 950 亚种 3 035 变种 2 变型）、茜草科（588 属 13 822 种 834 亚种 894 变种 26 变型）、禾本科（740 属 11 745 种 426 亚种 198 变种）等 5 个科。

（一）我国被子植物的分类和数量

传统上，我国被子植物采用的分类系统主要有哈钦松（Hutchinson）分类系统和恩格勒（Engler）分类系统，目前的研究基本采用了基于分子系统发育研究得到的被子植物系统发育研究组 APG (Angiosperm Phylogeny Group) 分类系统。此外，Takhtajan 系统、Cronquist 系统、Dahlgren 系统和 Thorne 系统等分类系统也具有一定的影响（王文采，1990a，1990b；马金双，2011）。但是，这些分类系统在科和属的概念以及包括的植物种类范围不尽相同，因此在介绍我国被子植物物种多样性之前首先要说明所采用的分类系统。有趣的是，我国北方地区的研究单位以及地方植物志多采用恩格勒分类系统，而在我国西南和华南地区多采用哈钦松分类系统。

APG 分类系统将被子植物分为 64 目 416 科，分别隶属于被子植物基部群（basal angiosperms）和中生被子植物（mesangiosperms）两大分支。而后者又包括了木兰类（magnoliids）、单子叶植物（monocots）和真双子叶植物（eudicots）等主要分支。值得一提的是，我国学者完成的《中国维管植物生命之树》利用多基因序列数据重建了我国分布植物的生命之树，在与世界前沿接轨的同时，也将我国的植物种类，尤其是属级水平的维管植物进行了全面梳理和介绍，对研究我国维管植物的分类历史、类群间亲缘关系、属种多样性及部分类群的系统学研究现状具有重要的意义（陈之端等，2020；李波，2021）。

到 2020 年，《中国生物物种名录》数据统计表明，我国现有被子植物 38 164 个种及以种下单位的分类群，约占全球被子植物种类的 12.7%，是北半球植物多样性最为丰富的国家。我国植物种类数量最多的被子植物大科有菊科（2 746 种）、豆科（2 362 种）、禾本科（2 329 种）、蔷薇科（1 744 种）和兰科（1 708 种）。刘冰等（2015）依据 APG 系统和当时的数据对我国的被子植物进行了整理，结果表明我国本土的被子植物有 258 科 2 877 属，引入种有 55 科 1 605 属。由于我国植物分类学家每年都有许多国产植物新种和新属发表，所以在统计数字上会显得滞后，仅供参考。

（二）被子植物资源的保护与利用

植物是人类生存与生活的重要支柱。我国是一个植物资源丰富的国家，在植物资源的利用方面有着悠久的历史。植物资源对人类文明建设、经济发展和科学进步起着非常重要的作用。

相对于其他植物，被子植物由于种类多、分布广、适应性强等特点，最大限度地满足了人们的各种需求，并与我们的日常生活息息相关。被子植物的根、茎、叶、花、果实和种子是蔬菜、淀粉、蜜源、纤维、油料、木材、药物等食物和用品的主要来源，其中含有的糖类、蛋白质、脂肪类和维生素等满足了人类和动物生长所必需的基本营养物质，是人类和动物生存的基石。据不完全统计，我国可以食用的被子植物达 2 300 多种，药用植物有 10 000 多种。俗话说"民以食为天"，我们餐桌上的主要食物如稻米、小麦、大豆、玉米、甘薯、马铃薯、辣椒、番茄、白菜、萝卜、板栗、胡椒和各种水果，以及喝的茶和咖啡等都来自被子植物，它们可以提供人类生长所必需的有机物等。利用中草药来治病、防病和养身在我国源远流长，《神农本草经》就是一部从我国原始社会到东汉民间利用药用植物的历史性经验总结。而烟草就是因为在早期用来医治牙痛、肠寄生虫、口臭、破伤风甚至癌症而从美洲传播到全世界的。

植物除了有食用和药用的功能外，还是纤维、油料、鞣料、树脂、橡胶、染料等具有众多功能物质的来源。因此，为了得到更多的资源，许多植物见证了人类的鲜血和战争的硝烟。1840 年和 1856 年的两次鸦片战争使中国进入了黑暗的半殖民地半封建社会；在美国，被称为"长在树上的羊毛"的棉花也于 1861 年看到了因改变种植园黑奴的悲惨命运而爆发的美国南北战争；在加勒比海地区，夹杂着糖的甜蜜与奴隶血泪的甘蔗也目睹了非洲奴隶人口的大迁徙。

　　随着人口数量的增多和社会经济急功近利式的发展，大量的生境被破坏，对天然植物资源的利用也越来越有掠夺性的倾向，再加上外来物种的入侵和自然灾害等原因，我国野生植物资源也受到严重影响，有的甚至灭绝。覃海宁等（2017b）对中国被子植物濒危等级的评估结果表明，在评估的 30 068 种被子植物中，灭绝等级（含灭绝、野外灭绝、地区灭绝）的物种共计 40 种；受威胁等级（极危、濒危、易危）的物种有 3 363 种，受威胁种类占我国被子植物总数的 11.18%（图 2.17）。我国西南地区以及台湾、海南等岛屿是受威胁的被子植物主要集中分布区，其原因主要是由于植物生境的丧失和破碎化，过度采挖，物种内在、外来入侵种在内的种间竞争、环境污染、自然灾害和全球气候变化等，这些因素也导致了包括被子植物在内的所有植物的生存受到重大干扰。

　　兰科植物是被子植物的第二大科，是生态系统的重要指示性物种，也是植物学研究的热点类群之一。兰科植物的许多种类具有极高的观赏或药用价值，如兰属（*Cymbidium*）、石斛属（*Dendrobium*）等，由于过度利用，它们也成了世界性的濒危物种，在全世界范围内受到广泛的关注，是全球植物保护的"旗舰"类群（图 2.18）。目前，兰科的所有种类均已被列入《濒危野生动植物物种国际贸易公约》（CITES）中（张玲玲等，2020）。

　　中国物种名录统计显示，我国目前有兰科植物 1 643 种，主要生活型为地生兰和附生兰。中国野生兰科植物集中分布在我国的西南地区和台湾，尤

图 2.17　我国部分国家重点保护野生植物

A. 长柄双花木（国家Ⅱ级重点保护野生植物）　B. 任豆（国家Ⅱ级重点保护野生植物）

C. 丹霞梧桐（国家Ⅱ级重点保护野生植物）　D. 鹅掌楸（国家Ⅱ级重点保护野生植物）

E. 普通野生稻（国家Ⅱ级重点保护野生植物）　F. 绣球茜（国家Ⅱ级重点保护野生植物）

G. 珙桐（国家Ⅰ级重点保护野生植物）　H. 膝柄木（国家Ⅰ级重点保护野生植物）

图2.18　中国兰科植物举例
A. 紫纹兜兰　B. 密花石豆兰　C. 聚石斛　D. 美花石斛
E. 鹤顶兰　F. 橙黄玉凤花　G. 建兰　H. 流苏贝母兰

以喜马拉雅山脉东段、横断山脉地区、西双版纳地区，滇东—桂西山地、台湾东部山地、海南南部、黔桂交界山区、鄂西渝东山地、秦岭伏牛山一带最为丰富（张殷波等，2015）。2018 年以来，我国林业主管部门对我国野生兰科植物逐步开展了全面调查工作，这对我国野生兰科植物本底资源的清查和开展精准保护具有重要的意义。

因此，全面推动绿色发展，促进人与自然和谐共生，以实际行动践行"人与自然是命运共同体"，应成为我们这一代人和以后几代人共同奋斗的目标。

第三章

中国植物多样性保护行动

一、评估植物多样性现状并用于指导实践

中国是世界上生物多样性最丰富的国家之一。据最新统计，我国高等植物种类为 3.7 万余种，有 3 个世界生物多样性热点地区，是全球的优先保护区域之一。我国还是大部分野生生物物种保护的主要国际条约或公约签署国，如《濒危野生动植物物种国际贸易公约》（CITES）、《拉姆萨尔公约》和《生物多样性公约》（CBD）。自从把生态文明建设纳入"五位一体"总体布局以来，我国为保护濒危物种做出了前所未有的努力，但我国生物多样性的丧失仍然是一个严重的问题：在过去的 50 年里，至少有 200 种植物物种已经灭绝，约有 5 000 种植物受到威胁或濒临灭绝（Volis, 2016）。导致这些物种灭绝或致危的主要威胁包括生境丧失、生物入侵、过度采伐、外来单一物种的纯林造林或栽培和气候变化等（Bachman et al., 2018; Huang et al., 2019）（图 3.1）。

2020 年 9 月，联合国《生物多样性公约》秘书处发布报告称，全球在 2010 年拟定的 20 个原定于 2020 年实现的保护物种和生态环境的目标中，除 6 个"部分达成"外，其他均未达成。生物多样性的持续丧失和生态系统的持

续退化对人类的福祉和生存产生了深远的影响。虽然，几乎所有国家现在都在采取措施来保护生物多样性，并取得了一些进展，包括森林砍伐率下降、人们对生物多样性及其重要性的认识提高等，但局部仍在恶化。因此，我们需要进一步采取一系列紧急措施以扭转对环境的破坏，包括恢复生态系统、

图3.1　森林砍伐迹地

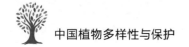

　　重新规划农业和城市布局、减少对肉类和水产品的消费等。

　　这些评估结果用于指导中国植物的就地和迁地保护，并取得了较好效果（图3.2、图3.3）。就地保护方面，中国已建成以国家公园、自然保护区和各类自然公园组成的就地保护网络，总面积200多万 km²，约占国土面积

图 3.2　高黎贡山国家级自然保护区就地保护了大量特有种

图 3.3 华南植物园迁地保护植物 1.7 万个分类群

的 21%，超额完成《生物多样性公约》"爱知目标"（到2020 年为 17% 的目标）（图 3.4、图 3.5）。就地保护网络有效保护了中国 90% 的植被类型，覆盖了 25% 的天然林、50% 的自然湿地以及 30% 的典型荒漠生态系统。这些保护地涵盖了 65% 的高等植物群落，为 85% 的野生植物提供了保护。迁地保护方面，中国已建野生植物种质资源保护和培育基地 400 多处，其中植物园和树木园 200 余个，初步形成植物迁地保护网络。植物园共建有专类园区约1 200 个，保存了 396 科 3 633 属 23 340 种（含种以下等级）植物，其中本土植物约 20 000 种，占中国本土高等植物约 60%，占全球保育总数的 25%。植物园迁地保育受威胁植物约 1 500 种，约占中国受威胁植物种数的 39%。植

图 3.4　雅鲁藏布江大峡谷国家级自然保护区

图 3.5　云南麻栗坡中越边界地区老山省级自然保护区

物园对中国本土植物多样性保护发挥了积极作用。共保藏种质资源 105 多万份，迁地保护了中国植物区系成分植物物种的 60%。国家农作物种质库由 1 个长期种质库和 10 个中期库组成，共保存 785 个物种，426 726 份种质资源；43 个国家种质圃保存资源 64 493 份；4 座药用植物种质库和 82 个药用植物园迁地栽培了 8 249 种，其种质库保存了 6 507 种，去重后合计 10 785 种，含 200 多种珍稀濒危物植物。中国西南野生生物种质资源库保存 10 285 种野生植物种子。国家林木种质资源库和良种基地保存种质资源 33 000 余份（含引进）。深圳国家基因库保存 3 000 万份生物样本。

二、制定中国高等植物红色名录

20 世纪 80~90 年代，我国科学家采用当时的 IUCN 红色名录濒危等级标准，对部分生物物种进行红色名录等级初步评估，植物方面出版了《中国珍稀濒危保护植物名录》（第一册）（1987），记载了 388 种维管植物（13 种蕨类植物和 375 种种子植物）的濒危状况。随后，国家环境保护局（现为国家生态环境部）和中国科学院植物研究所组织众多植物学专家基于该名录开展野外调查，并编写了《中国植物红皮书：稀有濒危植物（第一册）》（1992）一书。

20 世纪 90 年代后期，中国环境与发展国际合作委员会生物多样性工作组发起了"中国物种红色名录"项目，《中国物种红色名录·第一卷·红色名录》于 2004 年出版，该书评估了我国 10 211 种野生动植物物种，其中包含 4 408 种种子植物的濒危状况，其中受威胁等级为极危（critically endangered, CR）、濒危（endangered, EN）和易危（vulnerable, VU）的植物物种有 3 624 种，占评估物种数的 82%（图 3.6）。

2008 年，我国启动了《中国生物多样性红色名录》的编制工作，依据

图 3.6　濒危物种麻栗坡兜兰

IUCN 濒危物种红色名录标准（V3.1，2012）对我国 35 784 种野生高等植物的濒危状况进行了全面评估，主要评估等级有灭绝（extinct, EX）、野外灭绝（extinct in the wild, EW）、地区灭绝（regionally extinct, RE）、极危（CR）、濒危（EN）、易危（VU）、近危（near threatened, NT）、无危（least concern, LC）、数据缺乏（data deficient, DD）9 类。先后参与评估的专家有 300 余位，被评估物种覆盖了中国本土分布的所有高等植物，合计 35 784 种，包括被子植物 30 068 种，裸子植物 251 种，石松类和蕨类植物 2 244 种，苔藓植物 3 221 种。评估结果于 2013 年 9 月发布，形成《中国生物多样性红色名录·高等植物卷》评估报告。

　　2017 年评估结果表明，我国高等植物中，有 21 种野外高等植物为灭绝（EX），9 种野外灭绝（EW），10 种地区灭绝（RE），614 种极危（CR），1 313 种濒危（EN），1 952 种易危（VU），2 818 种近危（NT），24 243 种无危（LC），4 804 种数据缺乏（DD）。可见，合计有 3 879 种野生高等植物受到威胁（CR、EN 和 VU），占评估物种的 10.84%。考虑到有一些物种缺乏数据，实际数据在 15%~20%。

三、修订《国家重点保护野生植物名录》

国家保护植物是国家行使公权力，通过立法、行政和司法等方式，提供法律保护的植物。1999 年，由国务院批准并由原国家林业局和原农业部发布了《国家重点保护野生植物名录（第一批）》，名录包括植物 419 种和 13 类（指种以上分类等级），其中 I 级重点保护 67 种和 4 类，II 级重点保护 352 种和 9 类（图 3.7）。此名录的公布，标志着植物保护工作纳入法制化轨道，是我国野生植物保护管理工作的一个里程碑，意义重大。

图 3.7　南方红豆杉 ——国家 I 级重点保护野生植物

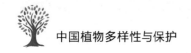

2018 年，原国家林业局、原农业部启动了《国家重点保护野生植物名录》（简称《名录》）的调整和修订工作。2020 年 12 月和 2021 年 4 月，国家林业和草原局、农业农村部两部门主管、植物多样性保护专家等组成评估论证委员会，对所拟定的《名录》进行了认真研究、讨论、修订。评估论证委员会依据五个标准：一是数量极少、分布范围极窄的珍稀濒危物种；二是重要作物的野生种群和有重要遗传价值的近缘种；三是有重要经济价值，因过度开发利用，资源急剧减少、生存受到威胁或严重威胁的物种；四是在维持（特殊）生态系统功能中具有重要作用的珍稀濒危物种；五是在传统文化中具有重要作用的珍稀濒危物种。并考虑 3 个补充原则（预防性原则、代表性原则和珍贵性原则）及 6 个反列原则，对《名录》进行了评审和修订。《名

图 3.8 《名录〈修订稿〉》中国家 II 级重点保护野生植物寄生花

录（修订稿）》包括 455 种和 40 类，共 1 101 种，Ⅰ级重点保护 53 种和 4 类，共计 125 种；Ⅱ级重点保护 402 种和 36 类，共计 976 种（图 3.8）。其中，国家林业和草原局主管部门管理 324 种和 25 类（共 725 种）野生植物，农业农村主管部门分工管理 131 种和 15 类（共 376 种）。《名录〈修订稿〉》中，第一批重点保护物种（1999 年颁布）有 14 种Ⅰ级重点保护降级，升级的有 5 种；修订的《名录》比第一批重点保护物种新增 268 种和 32 类，共 844 种；第一批重点保护物种未动的有 168 种和 8 类。

在我国推进生态文明建设的新形势下，《名录》的修订不仅是扩展野生植物保护范围的基础，并且是打击非法采集、非法交易、破坏生境等破坏野生植物资源行为的法律基础，是强化野生植物保护的核心，具有重大意义。

四、实施植物多样性保护行动

（一）开展极小种群野生植物的拯救保护

极小种群野生植物（Plant Species with Extremely Small Populations，PSESP）是指物种分布区狭窄或呈间断分布，种群和物种个体数量已经低于稳定存活界限的最小生存单元，随时濒临灭绝的野生植物，是中国提出的保护生物学领域新概念，旨在拯救保护我国最受威胁的植物种类（图 3.9）。

自 2005 年"极小种群野生植物"概念在云南省被第一次提出以来，国家及各省、市、自治区均颁布了极小种群野生植物的保护规划和行动措施，其中一些措施得到了政府、自然保护区、林业和环境保护部门的支持，以便对极小种群野生植物开展针对性保护，各部门还制定了新的政策和法律来保护这些急需拯救的物种。原国家林业局、国家发展和改革委员会于 2012 年发布了《全国极小种群野生植物拯救保护工程规划（2011—2015 年）》，提出需要优先保护的 120 个极小种群野生植物名录，标志着我国极小种群野生

图3.9　极小种群物种
A. 白花兜兰　　B. 杏黄兜兰　　C. 滇西槽舌兰

植物行动在全国范围内展开。2015 年，国家环境保护部印发了《生态保护红线划定技术指南》，旨在保护包括极小种群野生植物在内的物种多样性，这些准则明确规定，极小种群野生植物的生境应受法律保护。2017 年公布的"生态保护红线"范围包含极小种群野生植物的栖息地。2018 年，云南省政府发布了《云南省生物多样性保护条例》，这是我国第一部有关极小种群野生植物保护条例的省级法规（Sun et al., 2019a）。相关法律法规的制定，为我国从政策、制度和法律方面对极小种群野生植物进行保护提供了制度和法律保障。

　　除了国家层面，地方也相继出台并实施了保护计划和行动。在 2012 年国家颁布了第一批极小种群野生植物名录之后，有 24 个省、市（自治区）发布了各自的拯救和保护其所辖区域内的极小种群野生植物的实施计划。各省加大了对极小种群野生植物的调查力度，对大多数目标物种的已知和潜在分布区域进行了全面调查，包括生境状况、范围、种群规模、保护状况等（State Forestry Administration of China, 2018; Sun et al., 2019b）。极小种群野生植物数量较多的省份（自治区）如云南、广东、广西、海南、湖南、四川和浙江均发布了省级名录和保护行动指南。如广东的猪血木（*Euryodendron excelsum*）、丹霞梧桐（*Firmiana danxiaensis*），广西的德保苏铁（*Cycas debaoensis*）、广西火桐（*Erythropsis kwangsiensis*）（Li and Peng, 2017），四川的峨眉拟单性木兰（*Parakmeria omeiensis*）和五小叶槭（*Acer pentaphyllum*）（潘红丽等，2014），湖南的长果秤锤树（*Sinojackia dolichocarpa*），浙江的天目铁木 (*Ostrya rehderiana*）和普陀鹅耳枥（*Carpinus putoensis*）等极小种群野生植物的研究和实践性保护工作正在进行中。迄今为止，云南省的漾濞槭（*Acer yangbiense*)、西畴青冈（*Cyclobalanopsis sichourensis*）、滇桐（*Craigia yunnanensis*）、毛果木莲（*Manglietia ventii*）、华盖木（*Manglietiastrum sinicum*）和杏黄兜兰（*Paphiopedilum armeniacum*）等 87 个极小种群野生植物物种均已纳入政府层面保护行动计划（Yang et al.,

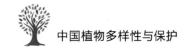

2020）。

2017 年，国家林业局对 120 种国家级极小种群野生植物的保护成效实施了全面的调查和评估。作为就地保护的核心方式，自然保护区是保护极小种群野生植物最直接、最有效的地点。调查结果显示，有 37 个物种分布在自然保护区，60 个物种通过委托护林员或当地管理部门得到保护，同时为 26 个物种建立了就地保护小区。有 20 个物种在植物园、树木园和其他专注于植物保护的研究机构建立了迁地保护居群。已进行迁地保护试验示范的物种有 80 种，实现人工繁殖的物种有 56 种，26 个物种开展了种群增强与回归试验。成功的例子包括德保苏铁（*Cycas debaoensis*）和观光木（*Tsoongiodendron odorum*），人工建立的种群已经能够自行繁殖更新（Yang et al., 2020）。

虽然了解繁殖生物学是保护自然种群的基础，但对于极小种群野生植物而言，基于各种原因研究得很少。在已有研究中，部分物种仅观测了的繁殖生物学特性，例如，滇桐、滇西槽舌兰（*Holcoglossum rupestre*）、红榄李（*Lumnitzera littorea*）、毛果木莲、华盖木、大树杜鹃（*Rhododendron protistum* var. *gigantum*）和黄梅秤锤树（*Sinojackia huangmeiensis*），被报道因传粉限制而存在很低的结实率和坐果率。人工繁殖栽培（如人工授粉、种子萌发、无性繁殖和组织培养）是对极小种群野生植物进行迁地保护的需求，针对 120 种国家级极小种群野生植物的相关研究较多。

物种丧失遗传多样性可能危及野生种群的生存能力，而更容易灭绝（Barrett and Kohn, 1991; Frankham, 2005）。对国家级极小种群野生植物的遗传变异研究发现，研究的 44 种物种中，有 10 种在物种水平上具有较低的遗传多样性，其中 4 个物种分布极其狭窄，另外 6 个物种在种群或地区之间仍然表现出高度分化。一项研究发现，仅有 3 个已知种群的极小种群野生植物报春苣苔（*Primulina tabacum*），在两个样本种群（来自不同的洞穴）以及同一洞穴中孤立的亚种群之间，都存在着相当大的遗传差异（Wang 等，

2013）。这些研究的物种的遗传多样性并不低，当然需要对更多极小种群野生物种进行研究。

综上，我国的极小种群野生植物保护在过去15年中取得了一些成功。极小种群野生植物概念的提出及其拯救保护工程的实施，促进了保护实践和科学研究的相互融合，在我国野生植物保护领域具有里程碑意义。但是仍然存在一些问题。第一，生物多样性保护是一个长期事业，部分物种野外调查不足。第二，部分极小种群野生植物因各种原因不能在保护区内实现就地保护。如海南的天然热带森林正因种植桉树和橡胶林而逐渐减少，同时自然保护区也变得更加孤立。这些因素极大地加大了极小种群野生植物保护的难度。第三，对目标物种也应开展有效的迁地保护措施，加强对其繁殖生物学、繁育技术和其他知识的研究。第四，部分参与一线部门（如林业和保护区的管理部门）在人工繁殖、迁地保护、就地保护、种群增强与回归的概念和方法方面了解欠缺，尤其是兰科植物，由于缺乏对其繁殖生物学、繁育技术和其他知识的研究，阻碍了对它们的保护进展。第五，对这些极小种群野生植物的繁殖生物学研究是了解濒危物种内在机制的基础，这方面的研究需要加强。需要使用多种手段，比如减少其他物种的竞争，提供合适其生长的微环境，以及进行人工杂交授粉、种群回归和再引入等。

（二）国家重要野生植物种质资源库建设

种质资源库是指利用仪器设备控制储藏环境，长期储存种质资源的设施。一般按照保存种质资源对象分为种子库（种子）、植物离体库（保存植物组织培养组织、种子胚轴等可再生材料）、动物种质库（动物繁殖材料）、微生物库（孢子）、DNA库（遗传资源）、超低温保存库（–196℃）。其中种子库是种质资源库的主体部分，是指收集和发掘各种植物种质资源的种子，科学地加以储藏，使种子在几十年甚至数百年之后仍具有原有的遗传特性和很高的发芽力，是最经济和高效的种质资源保存设施。

中国西南野生生物种质资源库（以下称种质资源库）是我国第一个保存目标为野生生物的国家级种质资源库。依据野生植物的种子、组织培养材料、动物繁殖材料、孢子、DNA 遗传资源自身特点分别保存在种子库、植物离体库、动物种质库、微生物库和 DNA 库中。该库具有一流的野生生物种质资源保护设施和科学体系，主要收集珍稀濒危（Endangered）、地区特有（Endemic）和有重要经济价值（Economic）的野生生物种质资源，并为我国生物技术产业发展和生命科学研究源源不断地提供所需的种质资源材料及相关信息（图 3.10）。

图 3.10　中国西南野生生物种质资源库全貌

种质资源库项目于 2004 年立项，2009 年 11 月通过国家验收并实现第一个五年计划目标。在实践过程中，种质资源库已发展了一套完善的种子采集保存理论体系和技术规范，推动了我国野生植物种质资源调查采集的标准化和规范化。由中国科学院与云南省林业厅合作举办的"云南省自然保护区野生植物种子采集保存技术"培训班，覆盖了云南省 95% 的各级自然保护区，有力地支持了自然保护区的能力建设，实现生物多样性就地保护与迁地保护的有效互补。种子库已通过学术交流、技术培训等，逐步在全国范围内构建了种子采集合作网络，截至 2018 年 5 月，种质资源库在中国科学院重大科研基础设施运行费、科技部国家自然科技资源共享平台和科技基础性工作专项的支持下，与全国 21 个省、自治区、直辖市的 58 个高校、科研单位与自然保护区建立了种子采集合作伙伴关系，并吸纳了一批植物分类爱好者参与到生物多样性迁地保护中来。

截至 2018 年 6 月，种子库已提前两年完成十五年的收集保存目标，保存有效植物种子约 10 000 种、77 000 份，保存物种数占我国高等植物物种数近 1/3，为全球第二个收集保存野生植物种子超过万种的种子保存设施。已保存的物种隶属于 228 科，尚有包括种子对低温和干燥敏感而不适合在种子库保存、栽培归化、生长于海洋，以及可能已经灭绝等 45 个科未保存（李德铢，2018）。作为中国科学院国家重大科学基础设施的公益性科技设施，种质资源库也加强了设施平台的国际和国内共享服务，先后与英国皇家植物园、世界混农林业中心、国际竹藤中心、上海辰山植物园等国内外科研机构签署了种子备存协议，通过种子的异地保存，提高了种质资源保存的安全性。同时，基于种质资源库的共享服务平台使命，已通过分级审核的分发机制，向 85 个国内外机构（单位）分发了 12 351 份野生植物种子，分发量占保存总份数的 16%，为我国生物科学研究和生物技术产业发展提供了材料支撑和保障（图 3.11）。

图 3.11　中国西南野生生物种质资源库保存的种子

（三）对外来入侵植物进行调查和防治

外来物种入侵是造成生物多样性下降的直接原因之一，已经成为全球性的人类关注的重大问题，并引起了各国政府的高度重视，特别是像中国这样的发展中国家。外来入侵植物是指在当地的自然或者半自然生态系统中形成了自我再生能力、可能或者已经对生态环境、生产或者生活造成明显损害或者不利影响的外来物种，包括其所有可能存活继而繁殖的部分、配子体或繁殖体（李振宇和解焱，2002）。

外来入侵植物与本地植物竞争土壤、水分和生存空间，甚至一些外来入侵种以绝对优势占有本地植物的生存空间，造成本地植物种类的减少或绝灭，同时还在气候、土壤、水分、有机物等方面产生连锁反应，对人类健康、动植物生存、物种多样性、生态系统等产生巨大的影响，亟须加强对外来入侵植物的治理。然而，我国对于外来入侵植物种类缺乏本底资料的了解，需要深入调查，并进一步进行治理和预防。我国最早对外来入侵植物种类的调查，始于丁建清和王韧 (1998)，他们统计发现，至少有 58 种外来植物对我国农业和林业造成了危害。李振宇和解焱（2002）介绍了 90 种外来入侵植物。闫小玲等（2012）通过文献调研汇总，认为外来入侵植物有 670 余种。2014 年，"中国外来入侵植物志"项目启动，全国 11 家科研院所及高校参与，项目组成员以县为单位开展入侵植物种类的摸底调查。经过 5 年的野外考察，共采集入侵植物标本约 15 000 号，50 000 份，发现了新入侵物种，如假刺苋（*Amaranthus dubius*）、白花金纽扣（*Acmella paniculata*）等，对于一些有文献报道入侵但是经野外调查发现仅处于栽培状态或在自然环境中偶有逃逸但尚未建立稳定入侵种群的种类给予澄清。《中国外来入侵植物志》全系列共 5 卷，收集入侵植物 402 个种。

　　调查发现，从城市到乡村，从沿海到内地，中国 34 个省（市、自治区、特别行政区）已全部被外来入侵植物"攻陷"，甚至在很多国家级自然保护区也发现了外来入侵植物。西南及东南沿海地区是外来植物入侵的"重灾区"。闫小玲等（2014）发现，在 515 种外来入侵植物中，分布在东南沿海地区的有 108 种。根据野外调查，云南省的外来入侵植物最多，达 334 种；宁夏回族自治区的外来入侵植物最少，为 43 种。入侵我国的外来植物，原产于南美洲的比例最大，其次是北美洲，两者之和占所有入侵植物的一半以上。菊科、豆科、禾本科构成我国外来入侵植物的主体，"三大家族"共约有 220 种外来入侵植物（图 3.12、图 3.13）。

　　我国外来生物入侵过程也在加速。我国幅员辽阔，跨越近 50 个纬度、5 个气候带，来自世界各地的大多数外来种都可以在我国找到合适的栖息地。加上近年来，我国商品的进口量增加，导致引入外来入侵物种的风险升高。我国政府高度重视外来入侵物种情况，中华人民共和国环境保护部（现生态环境部）和中国科学院于 2003 年、2010 年、2016 年和 2020 年先后 4 次颁布"中国外来入侵物种名单"，合计 71 种，其中 40 种植物。目前针对这些外来入侵物种正在开展防治研究工作。

图 3.12　恶性入侵植物紫茎泽兰

图 3.13　外来入侵植物薇甘菊危害茶园

（四）开展国际合作，积极履行国际公约

中国一直重视、关心并积极参与国际上自然保护相关的组织和活动。改革开放以来，先后签署加入《濒危野生动植物种国际贸易公约》（CITES）、《生物多样性公约》（CBD）等公约。

CITES 的宗旨是保护野生动植物物种不致由于国际贸易而遭到过度开发利用。我国积极参与 CITES 事务，依据农渔发〔2001〕8 号，"对 CITES 附录 I 中的物种及其产品的国内管理，按国家一级保护物种管理；对 CITES 附录 II、附录 III 中的物种及其产品和附录 I 中由人工驯养繁殖的物种及其产品的国内管理，按国家二级保护物种管理；对 CITES 附录物种和国家重点保护物种规定保护级别不一致的，国内管理以国家保护级别为准"。依据林濒发〔2012〕239 号，"非原产我国的 CITES 附录 I 和附录 II 所列陆生野生动物已依法被分别核准为国家一级、二级保护野生动物"。由此，原产于中国的按照国家重点保护名录来执行，非原产于中国的按照 CITES 附录级别来对应国家重点保护名录级别（https://zhuanlan.zhihu.com/p/20754425）。

《全球植物保护战略》（GSPC）是一项跨领域战略，由联合国《生物多样性公约》（CBD）于 2002 年制定并通过。中国政府非常重视和支持 GSPC。2008 年中国实施了首个国家级的植物保护战略《中国植物保护战略》（CSPC）。GSPC 的各利益相关方在保护国家丰富多样的植物资源方面做了大量的、富有成效的工作。2019 年中科院华南植物园任海教授组织中国执行 GSPC 进展评估，评估结果表明，中国在 2020 年之前就提前达到了 GSPC 的目标 1、2、4、5、7 和 16 的要求，并取得了许多实质性的进展，正在努力到 2020 年实现目标 3、8、9、10 和 14 的要求；目标 6、11、12、13 和 15 也取得了一定的进展。GSPC 积极影响了植物园系统、林业、农业、环境保护管理部门与科研机构的工作，形成了较完整的保护体系，在认识、保护植物多样性方面进展较好，在植物多样性可持续利用和科学普及方面还有待加强。虽然 GSPC 的实施促

进了中国植物多样性的主动保护和恢复，但长期来看，中国需要进一步加强这 16 个目标的工作，从生态区和植被类型层面加强保护、恢复和可持续利用工作，特别是通过能力建设整合乡土物种就地和迁地保护，同时促进植物资源的可持续利用工作。

随着以国家公园为主体的自然保护地体系逐步建立与完善，我国就地保护了 90% 的植被类型和陆地生态系统、65% 的高等植物群落、85% 的野生植物、88% 的珍稀濒危植物和 86% 的极小种群野生植物。200 余个植物园和树木园迁地保护了 22 104 种乡土植物，约占乡土植物总数的 65%，其中 206 种珍稀植物开展了野外回归（Ren et al., 2019）。同时，我国在植物多样性编目、评估和信息共享方面也达到了目标。我国约有高等植物 3.7 万种，约占世界植物多样性的 10%。由于生境破碎化、资源过度利用、外来物种入侵、环境污染和气候变化等因素，有约占总数 12% 的植物处于受威胁状态。《中国植物志》《国家重点保护野生植物名录》等为生物多样性保护提供了详细基础信息。

联合国《生物多样性公约》（CBD）第十五次缔约方大会（COP15）将于 2021 年在中国昆明举行，大会将审议"2020 年后全球生物多样性框架"，并确定 2030 年全球生物多样性新目标。也彰显了我国参与国际合作，为全球生物多样性保护和可持续发展贡献中国智慧和力量。同时，向世界上其他有更好经验的国家和地区进行学习。

第四章

植物多样性保护理论及实践

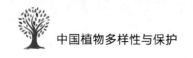

一、植物多样性保护理论

（一）植物多样性的就地保护理论

就地保护通常被认为是最有效的保护方式，是以国家公园、自然保护区和自然公园（包括风景名胜区）等方式，将有价值的自然生态系统和野生生物生境就地保护起来，以保护生态系统内生物的繁衍与进化，维持系统内的物质能量流动与生态过程。对于人为直接采挖和砍伐所导致种群大幅减少的濒危植物，应通过行政干预、立法等措施停止破坏，使其种群逐渐恢复生机。对于生境丧失或破坏，已处于濒危状态的植物，应对其生存的环境进行保护和恢复，这是解决濒危的根本措施（曹丽敏等，2001）。就地保护在必要时需建立自然保护区，使濒危植物有一个相对完整和不受干扰的生存空间。自然保护区应选在其物种具有典型性 (typicalness)、稀有性 (rarity)、脆弱性 (fragility)、多样性 (diversity)、自然性 (naturalness)、感染力 (intrinsic appeal)、潜在价值 (potential value) 和科学潜力（scientific research potential）的地理区域中（曹丽敏等，2001）。就地保护的理论常包括：①岛屿生物学理论；②生物多样性理论；③保护生境的完整性；④保护珍稀濒危植物种群的完整性；⑤研究珍稀濒危植物的可持续利用；⑥通过科普教育提高公众保护珍稀濒危植物的自觉性。

就地保护也存在一些局限性，主要体现在：①自然保护区的建立需要大量的人力、物力和财力，因此自然保护区的数量有限，有些珍稀濒危植物不能包括在自然保护区内，这就需要进行迁地保护；②某些物种在长时间的进化过程中，本身的生物学特性已不适应它们的原生环境，导致其更新困难（如古老孑遗植物桫椤的天然种群在鼎湖山的消失便是此原因）（图4.1）；③自然保护区内由于植被演替等方面原因，环境发生变化，一些植物种类不适

图 4.1　鼎湖山国家级自然保护区

应这种变化了的环境，种群数量减少（黄忠良，1998）。

　　由于全球不到 10% 的已知植物物种得到了保护评估，所以有多少种濒危植物得到了就地保护仍然未知。由于许多地方仍受到人类活动如城市化、基础设施建设、生境转化、非法采收和火灾等的威胁，以及其他问题包括与政策相关的问题，如政府机构软弱、政策冲突以及资源使用权，加上保护区网络覆盖范围不完整的事实，其他的保护方法是必要的，如迁地保护。

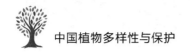

（二）植物多样性的迁地保护理论

迁地保护指的是以整株、种子、花粉、营养繁殖体、组织或细胞培养物的形式，在人工创造的适宜环境中保存，避免受自然灾害或人为因素的影响。迁地保护是为了增加濒危物种的种群数量，而不是用人工种群取代野生种群。当迁地种群数量增加时，通过不断释放迁地种群的繁育后代补充野生种群，能增加野生种群的遗传多样性（黄宏文和张征，2012）。迁地保护可以采用调整遗传和种群结构、疾病防治和营养管理等方面的措施，减弱随机因素对小种群的影响，并通过人工管理迁地种群使其有效种群达到最大（曹丽敏等，2001）。植物迁地保护是生物多样性保护的重要组成部分，在植物多样性保护中发挥着越来越重要的作用。迁地保护通常包括植物园引种收集的栽培园（区）、农作物种质资源库（圃）及野生植物种子库等，广义上也涵盖植物离体组织培养保存库及各类植物 DNA 库等。植物多样性保护意义上的植物迁地保护，植物园引种栽培及其植物专类园（区）被认为是最常规、有效的途径和方法（Hawkins et al.，2008；黄宏文和张征，2012）。

珍稀濒危植物迁地保护可以发挥如下作用：①在生物学和社会生物学基础研究中作为野生个体的作用材料；②取得管理野生种群的经验；③作补充野生种群的后备基因库；④为那些野外生境不复存在的物种提供最后的生存机会；⑤为在新的生境中创建新的生物群落提供种源（曹丽敏等，2001）。一般地，在下列情形下可对濒危物种实施迁地保护：①当物种原有生境破碎成斑块状，或原有生境不复存在；②物种的数目下降到极低的水平，个体难以找到配偶，如 IUCN 建议种群个体数量低于 1 000 时应进行人工繁育和迁地保护；③物种的生存条件突然发生变化，如 20 世纪 80 年代中期四川竹子大面积死亡，加剧了大熊猫的生存危机。在上述情况下，迁地保护成为保存物种的重要手段（曹丽敏等，2001）（图 4.2）。

迁地收集的保护价值取决于三个主要因素：①植物材料的收集类型（包

图 4.2 迁地保护在昆明植物园的普陀鹅耳枥

括种子、外植体和活植物）随每个物种的繁殖生物学、种子特性和（或）对
异地环境的适应性变化；②收集方法：一般来说，具有良好档案记录的、野
外采集的捕捉了尽可能多的遗传变异的物种的迁地收集具有最大的保护价
值；③对有活力的种质资源的后续维护在决定一个迁地收集的最终保护价值
方面起着至关重要的作用。如果没有适当的监测管理，收集的保护价值或收

集本身可能完全失去意义。具有最直接的保护作用的是收集具有遗传多样性代表的物种，必须设法确保材料遗传上是合理的并可长期用于保护活动（Oldfield and Newton, 2012）。

（三）植物多样性的近地保护理论

近地保护是对分布区极为狭窄、生境极为特殊、分布点极少的极小野生植物种群，通过人工繁殖并构建苗木数量和种群结构，在其分布区周围选择气候相似、生境相似、群落相似的自然或半自然地段进行定植管护，并逐步形成稳定的种群（孙卫邦，2013；许再富和郭辉军，2014）（图4.3）。近地保护强调"人工管护"，具有保护、科研观察和科普展示的功能，是介于回归自然和迁地保护之间的一种特殊的保护形式（许再富和郭辉军，2014），还需要进一步研究、探索实践和不断完善（孙卫邦，2013）。Volis

图4.3　近地保护在八大公山国家级自然保护区的珙桐

和 Blecher（2010）提出过类似的概念，他们称之为类就地保护 (Quasi in situ 或 inter-situ)。近地保护包括以下 5 个步骤：①调查和分析物种的分布；②根据空间或者生态特征采样；③在适合的地点种植（即在与原分布区环境相似的自然或半自然的生境中）；④研究其生活史特征，生物因子和非生物因子对其种群动态的影响；⑤目标物种的回归（最好采用种子繁殖），并监测回归植株的动态 (Volis & Blecher, 2010)。

（四）濒危植物回归理论

回归被认为是种群尺度的一种生态恢复，侧重于营救或恢复濒危物种。近年来，回归已越来越多地被用作一种植物保护工具（Falk et al., 1996），也被当作迁地保护与就地保护之间的桥梁（图 4.4）。

国际植物园保护联盟（BGCI）根据自然生境是否分布有要回归的植物而把回归分成下列几类：

图 4.4　回归峨眉拟单性木兰

（1）回归（Reintroduction, Restitution, Reinstatement or Re-establishment）：将经过迁地保护的人工繁殖体重新引种到该物种以前有分布但是现在已经灭绝了或者被认为灭绝了的自然或半自然的生态系统或适合它们生存的野外生境中。

（2）增强型回归（Reinforcement, Augmentation, Enhancement, Restocking, or Supplementation）：将回归个体引种到一个现有种群中以扩大现有种群和（或）增加遗传多样性。

（3）保育性引种（Conservation Introduction）：当回归引种无法在拟回归物种历史分布区范围内开展，同时该物种的保育对社会具有重大贡献时，保育性引种可作为一个备选方案。对某些物种而言，在其历史分布范围以外也可能发现更符合其生境特点的场所，同时该场所又同时具有可消除其濒危因素和提供最佳管理方案的条件，从而使此类回归方案最为可行。

（4）异位回归（Translocation）：把植物材料从一个地方移到该物种分布范围内的另一地方，或者一个新地方（文香英，2020）。

二、保护植物多样性的实践

（一）就地保护实践

1. 百山祖冷杉就地保护

百山祖冷杉（*Abies beshanzuensis*）属松科（Pinaceae），常绿乔木。国家Ⅰ级重点保护野生植物，中国特有种，被列为世界最濒危的 12 种植物之一，仅存 3 株野生母树，分布于浙江百山祖国家公园南坡海拔 1 740~1 750 m 的沟谷地段。由于自生繁殖能力弱和环境变化等原因，百山祖冷杉"结婚生子"一度困难，百山祖国家公园和专家们通过不懈努力取得成功，人工培育的实生苗存活 83 株，其中部分已经开始结球果；1980 年第一批嫁接树中现存 14 株，其后代野外种植 2 000 多株。2017 年，借 3 株母树均长出球果之际，百山祖国家级自然保护区对百山祖冷杉原生境进行了改良：适当清理母树邻近植株的枝叶和林下过密的庆元华箬竹（*Sasa qingyuanensis*）等低矮灌草，以改善林内光照条件、增加光强；合理移除地表过厚的枯枝落叶，以帮助弱小的种子"着陆"和幼苗根系入土，一项项措施有条不紊地进行着。截至 2020 年 9 月，林下自然萌发的幼苗超过 180 株，人工促进天然更新取得了显著的成果，给百山祖冷杉的解濒带来了曙光（图 4.5）。

图 4.5 百山祖冷杉就地保护

A. 生境改良前林下植被 B. 生境改良后林下植被 C. 母树 D. 生境改良后自然萌发的幼苗

2. 仙湖苏铁就地保护

仙湖苏铁（*Cycas fairylakea*）为苏铁科（Cycadaceae），国家 I 级重点保护野生植物，中国特有种。历史上在广东深圳、清远、乐昌、曲江和福建诏安等地有野生种群，现保存较好且能产生种子繁育后代的仅有深圳的梅林水库种群。由于生境被破坏、病虫害加剧、人为盗挖、雄性衰退导致繁殖力低等原因，该种群至 2009 年个体数不足 1 000 株，且大部分植株生长不良，没有开花结实植株，种群生存状况极不乐观。从 2010 年开始，在梅林水库保护区和深圳市中国科学院仙湖植物园（简称仙湖植物园）协力下，开展了一系列的抢救性抚育措施，如间伐、修枝和清理以改善光照条件，加强病虫害防治，人工辅助授粉，施肥改善营养条件等，使该苏铁种群很快恢复正常生长，并逐渐出现较多开花结实植株。同时，保护区建立了仙湖苏铁种苗繁育中心，将收获的种子人工播种繁育出幼苗，其中大部分种子在种群内就地播种。至2018 年，该种群个体数增加至 6 000 多株，其中大部分为近些年种子萌发的幼苗。目前，这些仙湖苏铁植株绝大多数生长良好，每年均有不少植株自然开花结实，并产生幼苗，基本实现了自我繁衍（图 4.6）。

图 4.6　仙湖苏铁就地保护
A、B. 采取抚育措施前的仙湖苏铁种群　C、D. 采取抚育措施后的仙湖苏铁种群

（二）迁地保护实践

峨眉拟单性木兰（*Parakmeria omeiensis*）是木兰科（Magnoliaceae）拟单性木兰属（*Parakmeria*）常绿乔木。极危植物，中国特有种。仅在峨眉山有两个种群，野外仅 75 株。传粉困难、种子产量和萌发率低、森林砍伐、生境碎片化等是导致该物种濒危的主要因素，目前还没有特殊的保护措施来确保该种群的完整。1989 年，峨眉山植物园的工作人员从野外收集种子和

图 4.7　峨眉拟单性木兰迁地保护
A. 野生的峨眉拟单性木兰植株　B. 迁地保护在峨眉山植物园的峨眉拟单性木兰植株
C. 峨眉拟单性木兰两性花　D. 繁殖的苗

幼苗，并在该植物园里开展人工繁殖，获得了 65 株实生苗并在植物园里进行定植，其中有 25 株进入开花期，每年开展人工授粉实验，获得的种子再进行繁殖，目前共繁殖了约 2 500 株苗（图 4.7）。这些苗进一步用于迁地保护和野外种群的增强回归，共建立了 9 个迁地保护点，约 210 株，包括成都市植物园、华西亚高山植物园、昆明植物园、武汉植物园、庐山植物园、西安植物园、南京中山植物园、三峡植物园、神州木兰园。新建立野外种群增强回归点 5 个，共回归 800 余株，使得野外植株个体数达到近 900 株。基于该植物园迁地保护的植株，这些综合保育措施有效遏制了该物种的灭绝。

（三）近地保护实践

湖南八大公山国家级自然保护区有高等植物 2 400 多种，包括长果安息香（*Changiostyrax dolichocarpus*）和巴东木莲（*Manglietia patungensis*）等濒危植物 20 多种，其中长果安息香主要分布在桑植县八大公山的龙潭坪镇头山村和苦竹坪村，五道水镇汨罗湖村、小溪村和土其洞村，巴东木莲自然分布在八大公山自然保护区杨家坪村（图 4.8）。为了便于对该两种濒危植物进行保护监测、科研观察并进行科普教育，在 BGCI 的资助下，湖南森林植物园、武汉植物园以及八大公山自然保护区管理处在天平山林区洋姜坪建

图 4.8　长果安息香和巴东木莲近地保护试验

立了近地保护基地约2亩，目前种植长果安息香50株、巴东木莲50株；在天平山林区黄连台村建立近地保护基地约2亩，目前种植长果安息香50株、巴东木莲50株，开展近地保护试验，并对部分植株挂牌，定期进行生长数据监测和管理等工作，并将逐步形成稳定的种群（图4.9）。到目前为止，所有植株生长良好，成活率为100%。

图 4.9　近地保护植物监测和管理

（四）回归实践

1. 德保苏铁野外回归

德保苏铁（*Cycas debaoensis*）为苏铁科（Cycadaceae），国家 I 级重点保护野生植物。德保苏铁有很高的科研和观赏价值，野生植株原共有16个种群，2 000余株，呈星散状分布于广西百色市德保县扶平村及附近低山地。这些地区经济落后，生态保护意识淡薄。由于盗挖和生境破坏等原因，德保苏铁野生植株在2006年仅存600多株。2007年国家林业局（现国家林业和

图 4.10　近地保护植物监测和管理
A. 原生境中的德保苏铁植株　B. 繁育基地的德保苏铁　C. 回归后的开花的德保苏铁

草原局）在仙湖植物园国家苏铁种质资源保护中心资助下启动了"德保苏铁回归自然引种项目"。该项目在对德保苏铁现有 16 个种群进行调查与遗传多样性研究的基础上，将 500 株德保苏铁实生苗重新回归引种到距离德保苏铁模式产地相邻的广西黄连山自然保护区。后期跟踪调查表明，500 株回归的德保苏铁苗木长势良好，成活率达到 100%。这表明，只要消除了其生境的破坏和人类采挖因素，通过再引种和合理的抚育措施，恢复其种群数量是完全可行的。这个成功案例还表明了中国珍稀濒危植物保护从单纯的就地保护、迁地保护阶段发展到就地保护与迁地保护相结合、以迁地保护促进就地保护的野外回归新阶段（图 4.10）。

2. 紫纹兜兰野外回归

紫纹兜兰（*Paphiopedilum purpuratum*），是兰科（Orchidaceae）地生植物，唇瓣紫红色囊状，形似拖鞋。主要分布于广东南部、香港、广西南部、云南东南部，以及越南北部山区，被列为极危物种，是国家重点保护的兰科植物，有"植物大熊猫"之称。1836 年，英国的植物猎人首次在香港发现，并将它运回英国，而轰动一时，被誉为"香港小姐"。近十几年来，由于过度采挖、走私出境猎獗及生境遭到破坏，导致野生紫纹兜兰数量急剧减少，分布区逐渐萎缩，资源破坏严重。

紫纹兜兰是中国兜兰属植物分布海拔最低的，也是我国兜兰属里唯一一个生长在非石灰岩地区的物种，而其他的都长在石灰岩中性或碱性土壤里。在野外，紫纹兜兰多生长在林下通风好、湿度较大、腐殖质丰富的地方并着生于土壤表层，容易被水冲走或人为采挖或遭到野生动物破坏。深圳市兰科植物保护研究中心（下称"兰科中心"）经过几年在广东省的实地调查，仅在少数地方发现了数量稀少的紫纹兜兰野外居群。基于长期的观测调查和对紫纹兜兰的生物学特性和濒危机制的了解，兰科中心科研人员对紫纹兜兰进行了就地保护，在人工授粉的基础上将果实带回兰科中心，克服种子无菌萌

发、试管苗培育等多项技术难关，成功繁育紫纹兜兰幼苗 14 000 多株，并于 2018 年启动了"珍稀濒危物种紫纹兜兰的野外回归"项目。精心设计了原生境增强回归、灭绝地回归、异地回归三种回归方式，覆盖的野外自然生境约 7 万 m^2，并定期进行监测，最早回归的一批已成功在野外开花结果，并产生了二代苗。回归两年后的监测数据显示原生境回归成活率最高，接近 40%，显著高于灭绝地回归和异地回归。针对原生境回归的较高的成活率，科研人员正通过土壤和微生物等多角度研究其原因。但这仅仅是开始，后续还有长达 10 年的监测及相关研究，以确保其真正回到野外（图 4.11）。

图 4.11 野外回归的紫纹兜兰

（五）植物多样性保护实践——以植物园为例

植物园是指拥有活植物收集区，并对收集区内的植物进行记录管理，使之可用于科学研究、保护、展示和教育的机构（Gratzfeld，2016）。虽然建立植物园的原初动机并不是保护，但是植物园长期的管理和植物收集客观上发挥了对植物保护的能动作用（任海和段子渊，2017）。20世纪80年代开始，植物园肩负起了植物保护责任并成为濒危植物的"诺亚方舟"，是野生战略性植物资源保护的主体。

目前全球有3 693个植物园，迁地保护植物约616 347分类单位，约12万种植物。中国现约有172个植物园和树木园，最近对中国35个植物园调查结果显示迁地栽培保育活植物33 888种，其中列入《中国生物物种名录（2019）》的中国本土植物18 052种，列入《中国生物多样性红色名录·高等植物卷》（2013）受威胁植物1 604种（包括极危CR、濒危EN和易危VU），列入世界自然保护联盟（IUCN）的物种红色名录标准（v 3.1）受威胁名单1 127种。此外，中国西南野生生物种质资源库目前共保存种子82 476余份，2 044属230科10 285余种（文香英，2020）。

为了有效保护珍稀濒危植物，植物园在迁地保护过程中开始关注迁地保护和野外回归相结合，植物回归是野生植物种群重建的重要途径，是迁地保护和就地保护的桥梁。在中国，虽然林业系统在珍稀濒危植物的保护中发挥着管理作用，但植物园却是植物回归研究与实践的主要单位，植物园拥有的活植物资源、知识、技术和设施为植物回归提供了重要支撑，植物园的环境教育和科普活动为回归提供公众参与机会或争取社会资金的支持（任海，2017）。例如：武汉植物园在三峡工程前后系统开展了库区疏花水柏枝（*Myricaria laxiflora*）等82种珍稀植物的异地回归；仙湖植物园结合扶贫工作在广西成功开展了德保苏铁（*Cycas debaoensis*）的回归；华南植物园系统开展了报春苣苔（*Primulina tabacum*）等28种华南珍稀濒危植物的回归并总结出了一套回归模式，发表了大量论文；昆明植物园成功开展了麻栗坡兜兰（*Paphiopedilum malipoense*）等 6 种极小种群野生植物的回归（孙卫邦，2013；任海，2017）。截至 2019 年年底，我国开展了约 300 个植物回归引种项目，涉及 206 种，其中 112 种为中国特有植物（Ren，2020）。超过一半以上的回归引种项目是利用我国国内的资金，并主要集中在草本和灌木上，而大部分的树木回归项目是由国际植物园保护联盟（BGCI）等国际组织资助（文香英，2020）。

种质资源收集与评估对于摸清植物多样性本底，保护种质资源非常重要。中国植物园在全国范围内重点实施"本土植物全覆盖保护计划"，通过持续开展野外调查，每年动态更新各地区本土植物受威胁等级变化数据。中国植物园还积极参与"中国迁地保护植物大数据平台"项目，目前已建设完成"植物园机构信息数据库"，初步建成"中国植物园联盟植物信息管理平台（PIMS）"，并在 40 个植物园推广使用；此外还搭建、共享"本土植物全覆盖保护数据"等，为掌握战略植物资源的储备情况、针对性地指导我国本土植物保护和履行生物多样性公约提供数据支撑和服务（焦阳等，2019）。

利用是最好的保护。中国建立了"选取适当的珍稀植物，进行基础研究和繁殖技术攻关，再进行野外回归和市场化生产，实现其有效保护，加强公众的保护意识，同时通过区域生态规划及国家战略咨询，推动整个国家珍稀濒危植物回归工作"的模式；这种模式初步实现珍稀濒危植物产业化，产生了良好的社会、生态和经济效益（Ren et al，2012），为国民经济发展做出了出色贡献。比如：华南植物园自 1962 年引种印度尼西亚檀香以来，在檀香的胚胎发育以及运用生物技术研究优质檀香品种等方面取得突破性进展，并已将檀香规模化繁育及栽培技术转让国内外多家企业，极大推进了国际檀香产业的发展（焦阳等，2019）（图 4.12）。

当前发达国家植物园在国际植物园保护联盟（BGCI）的倡导下，在履行联合国《生物多样性公约》（CBD）下的《全球植物保护战略》（GSPC），

图 4.12　檀香
A. 植株　B. 花　C. 苗

考虑了全球变化、社区可持续发展的影响，更加关注了物种尺度甚至是生态系统尺度的保护和恢复，综合利用了就地保护、迁地保护、野外回归、资源利用等手段，植物园在这个综合保护方法中起了主导作用（任海，2017）。但是，如何定义一个成功的植物园，国际植物园保护联盟（BGCI）在几年前调研了全世界 116 个植物园，结果十分引人关注。其中包括：植物园最核心的功能，即植物收集保育方面，发达国家植物园能做好物种登记管理监测的不过 50%～60%，而在其他地区，这个比例大概只有 20%。全世界多数植物园还没能真正有效地行使对植物多样性的保护和自然环境改善的使命，使公众最大限度地认识到植物多样性的价值以及它们所面临的威胁并采取行动（Smith & Harvey-Brown，2017）。不过，只要协调得很好，全球植物园网络就是世界上最大的植物保护力量（Griffith et al. 2019）（图4.13、图 4.14）。

图 4.13　华南植物园木兰园

图 4.14　西双版纳热带植物园棕榈园

参考文献

曹坤芳 . 1989. 岛屿生物地理学与自然保护区的建立［J］. 生态学进展, 6(3): 172‐178.

曹丽敏，司马永康，曹利民, 等 . 2001. 保护生物学概述［J］. 云南大学学报：自然科学版, 000(0S1): 69‐74.

陈之端，路安民，刘冰 , 等 . 2020. 中国维管植物生命之树［M］. 北京：科学出版社 .

丁建清，王韧 . 1998. 外来入侵对我国生物多样性的影响 // 中国生物多样性国情研究报告［M］. 北京：中国环境科学出版社 .

郭文月，沈文星 . 2020. 森林植物物种多样性价值形成机理及评价方法［J］. 世界林业研究, 33(4): 118‐122.

国家林业局 . 2018. 全国极小种群野生植物拯救保护工程规划（2011—2015 年）评估报告（R）. 北京：国家林业局 .

国家药典委员会 . 2020. 中华人民共和国药典（2020 年版一部）［M］. 北京：中国医药科技出版社 .

何强，贾渝 . 2017. 中国苔藓植物濒危等级的评估原则和评估结果［J］. 生物多样性, 25: 774‐780.

贺学礼 . 2016. 植物学 . 2 版［M］. 北京：科学出版社 .

黄宏文，张征 . 2012. 中国植物引种栽培及迁地保护的现状与展望［J］. 生物多样性, 20(5): 559‐571.

黄忠良，王俊浩 . 1998. 自然保护区就地保护与植物园迁地保护 // 面向 21 世纪的中国生物多样性保护——第三届全国生物多样性保护与持续利用研讨会论文集［M］. 中国科学院生物多样性委员会, 8.

焦阳，邵云云，廖景平，等．2019.中国植物园现状及未来发展策略［J］.中
　国科学院院刊，34（12）：1 351－1 358.

孔宪需．1984.四川蕨类植物地理特点兼论"耳蕨—鳞毛蕨类植物区系"［J］.
　云南植物研究，6: 27－38.

黎德丘，彭定人．2009,广西极小种群野生植物保护对策探讨［J］.安徽农业
　科学，37(30): 14806－14807.

李波．2021.让"维管植物生命之树"在祖国大地上枝繁叶茂［J］.科学，
　73(1): 58－61.

李春香，苗馨元．2016.浅议中国高等植物多样性在世界上的排名［J］.生物
　多样性，24(6): 725－727.

李德铢．2018.中国西南野生生物种质资源库种子名录［M］.北京：科学出
　版社．

李振宇，解焱．2002.中国外来入侵种［M］.北京：中国林业出版社．

刘冰，叶建飞，刘夙，等．2015.中国被子植物科属概览：依据 APGⅢ系统［J］.
　生物多样性，23: 225－231.

马金双．2011.东亚高等植物分类学文献概览［M］.北京：高等教育出版社．

欧阳志云，徐卫华，肖焱，等．2017.中国生态系统格局、质量、服务与演变［M］.
　北京：科学出版社．

潘富俊．1986.中国文学植物学［M］.台北：猫头鹰出版社．

潘红丽，冯秋红，隆廷伦．2014.四川省极小种群野生植物资源现状及其保护
　研究［J］.四川林业科技，35: 41－46.

覃海宁，杨永，董仕勇，等．2017a.中国高等植物受威胁物种名录［J］.生物
　多样性，25: 696－744.

覃海宁，赵莉娜，于胜祥，等．2017b.中国被子植物濒危等级的评估［J］.生
　物多样性，25: 745－757.

秦仁昌，武素功．1980.西藏蕨类植物区系的特点及其与喜马拉雅隆升的关

系〔J〕. 云南植物研究, 2: 382 – 389.

阙灵, 池秀莲, 臧春鑫, 等 .2018. 中国迁地栽培药用植物多样性现状〔J〕.
　　中国中药杂志, 43(5): 1071 – 1076.

任海, 段子渊 . 2017. 科学植物园建设的理论与实践 . 2 版 .〔M〕. 北京：科
　　学出版社 .

任海 . 2017. 植物园与植物回归〔J〕. 生物多样性, 25（9）: 945 – 950.

孙卫邦, 韩春艳 . 2015. 论极小种群野生植物的研究及科学保护〔J〕. 生物多
　　样性, 23: 426 – 429.

孙卫邦 . 2013. 云南省极小种群野生植物保护实践与探索〔M〕. 昆明：云南
　　科技出版社 .

王利松, 贾渝, 张宪春, 等 . 2015. 中国高等植物多样性〔J〕. 生物多样性,
　　23(2): 217 – 224.

王文采 . 1990a. 当代四被子植物分类系统简介（一）〔J〕. 植物学通报, 7(2):
　　1 – 17.

王文采 . 1990b. 当代四被子植物分类系统简介（二）〔J〕. 植物学通报, 7(3):
　　1 – 18.

王羽梅 . 2008. 中国芳香植物 (上下册)〔M〕. 北京：科学出版社 .

WALTER VR. 2007. 生态系统与人类福祉：评估框架〔M〕. 张永民译 . 北京：
　　中国环境科学出版社 .

文香英 . 2020. 珍稀濒危木本植物综合保护：国际植物园保护联盟（BGCI）
　　中国实践（2010~2020）及展望〔M〕. 北京：中国林业出版社 .

吴鹏程, 贾渝, 王庆华, 等 . 2017. 中国苔藓植物图鉴〔M〕. 北京：中国林
　　业出版社 .

吴征镒, 陈心启 . 2004. 中国植物志（第一卷）〔M〕. 北京：科学出版社 .

邢福武 . 2009. 中国景观植物（上下册）〔M〕. 武汉：华中科技大学出版社 .

许再富, 郭辉军 . 2014. 极小种群野生植物的近地保护〔J〕. 植物分类与资源

学报, 36(4): 533 – 536.

闫小玲, 刘全儒, 寿海洋, 等. 2014. 中国外来入侵植物的等级划分与地理分布格局分析［J］. 生物多样性，22(5): 667 – 676.

闫小玲, 寿海洋, 马金双. 2012. 中国外来入侵植物研究现状及存在的问题［J］. 植物分类与资源学报，34(3): 287 – 313.

严岳鸿, 石雷. 2014. 蕨类植物迁地保护的方法与实践［M］. 北京：中国林业出版社.

叶创兴, 朱念德, 廖文波, 等. 2007. 植物学［M］. 北京：高等教育出版社.

张玲玲, 刘子玥, 王瑞江. 2020. 广东兰科植物多样性保育现状［J］. 生物多样性, 28: 787 – 795.

张殷波, 杜昊东, 金效华, 等. 2015. 中国野生兰科植物物种多样性与地理分布［J］. 科学通报，60: 179 – 188.

《中国生物多样性国情研究报告》编写组. 1997. 中国生物多样性国情研究报告［M］. 北京：中国环境科学出版社.

ANTONELLI A, FRY C, SMITH RJ, et al. 2020.State of the world's plants and fungi［M］. London: Royal Botanic Gardens, Kew.

BACHMAN SP, LUGHADHA EMN, RIVERS MC. 2018. Quantifying progress toward a conservation assessment for all plants［J］. Conservation Biology, 32：516–524.

BARRETT SC, KOHN JR. 1991.Genetic and evolutionary consequences of small population size in plants: implication for conservation［M］. In Genetics and conservation of rare plants. New York: Oxford University Press.

FALK, D.A. 1987. Integrated conservation strategies for endangered plants［J］. Natural Areas Journal, 7: 118–123.

FRANKHAM R. 2005.Genetics and Extinction［J］. Biological Conservation,126：131–140.

GAMFELDT L, SNALL T, BAGCHI R, et al. 2013.Higher levels of multiple ecosystem services are found in forests with more tree species［J］. Nature Communications, 4: 1 340.

GIAM X, BRADSHAW CJA, TAN HTW, et al. 2010.Future habitat loss and the conservation of plant biodiversity［J］. Biological Conservation, 143: 1 594–1 602.

GRATZFELD, G., Wen, X Y. 2012. China's Strategy for Plant Conservation (CSPC) - Progress of Implementation［M］. Richmond, UK: Botanic Gardens Conservation International.

GRATZFELD, J.2016. From idea to realisation – BGCI's manual on planning, developing and managing botanic gardens［M］. Richmond, UK: Botanic Gardens Conservation International.

GRIFFITH P, BECKMAN E, CALLICRATE T, et al. 2019. Toward the metacollection: Safeguarding plant diversity and coordinating conservation collections［M］. San Marino, US: Botanic Gardens Conservation International.

HAWKINS B, SHARROCK S, HAVENS K. 2008. Plants and climate change: which future？［M］. Botanic Gardens Conservation International.

HUANG Y, FU J, WANG W, et al. 2019. Development of China's nature reserves over the past 60 years: An overview［J］. Land Use Policy, 80：224–232.

JIAN SG, LIU N, GAO ZZ, et al. 2006. Biological characteristics of wild *Cycas fairylakea* population in Guangdong Province, China［J］. Frontiers of Biology in China，1(4): 430–433

JIAN SG, ZHONG Y, LIU N, et al. 2006. Genetic variation in the endangered endemic species *Cycas fairylakea* in China and implications for conservation［J］. Biodiversity and conservation, 15: 1 681–1 694.

Li HT, YI TS, GAO LM, et al. 2019. Origin of angiosperms and the puzzle of the Jurassic gap [J]. Nature Plants, 5: 461–470.

OLDFIELD S, NEWTON A C. 2012. Integrated conservation of tree species by botanic gardens: a reference manual [M]. Richmond, UK: Botanica Gardens Conservation International.

PITMAN N C A, JORGENSEN PM.2002. Estimating the size of the world's threatened flora [J]. Science, 298: 989.

REN H. 2020. Conservation and reintroduction of rare and endangered plants in China [M]. Berlin: Springler Nature.

REN H, QIN H, OUYANG Z, et al. 2019. Progress of implementation on the Global Strategy for Plant Conservation (2011-2020) in China [J]. Biological Conservation, 230: 169–178.

REN H, QIN HN, OUYANG ZY, et al. 1990. Progress of implementation on the global strategy for plant conservation in China (2011–2020) [J]. Biological Conservation, 230：169–178.

REN H, ZHANG QM, LU HF.2012. Wild plant species with extremely small populations require conservation and reintroduction in China [J]. Ambio, 41：913–917.

SHARROCK S. 2020. Plant Conservation Report 2020: A review of progress in implementation of the Global Strategy for Plant Conservation 2011-2020 [M]. Secretariat of the Convention on Biological Diversity, Montréal, Canada and Botanic Gardens Conservation International, Richmond, United Kingdom. Technical Series. 95. 68.

SMITH P，BROWN Y H. 2017. BGCI technical review defining the botanic garden, and how to measure performance and success [M]. U K: Botanic Gardens Conservation International Descanso House.

SUN G, DILCHER DL, ZHENG SL, et al. 1998. In search of the first flower: A Jurassic angiosperm, *Archaefructus*, from Northeast China〔J〕. Science, 282: 1601–1772.

SUN G, ZHENG SL, SUN CT, et al. 2002. Androecium of *Archaefructus*, the Late Jurassic Angiosperms from Western Liaoning, China〔J〕. Journal of Geoscientific Research in Northeast Asia, 5(1): 1–6.

SUN WB, MA YP, BLACKMORE S. 2019a. How a new conservation action concept has accelerated plant conservation in China〔J〕. Trends Plant Science, 24 : 4–6.

SUN WB, YANG J, DAO ZL. 2019b.Study and conservation of plant species with extremely small populations (PSESP) in Yunnan Province〔M〕. Beijing: Science Press.

SWISHER CC, WANG YQ, WANG XL, et al. 1999.Cretaceous age for he feathered dinosaurs of Liaoning, China〔J〕. Nature, 400: 58–61.

SYMSTAD AJ, CHAPIN FS, WALL DH, et al.2003. Long - term and large - scale perspectives on the relationship between biodiversity and ecosystem functioning〔J〕. BioScience, 53(1): 89–98.

VOLIS S, BLECHER M. 2010. Quasi in situ: a bridge between *ex situ* and *in situ* conservation of plants〔J〕. Biodiversity and Conservation, 19(9): 2 441–2 454.

VOLIS S. 2016. How to conserve threatened Chinese plant species with extremely small populations ?〔J〕. Plant Diversity, 38 : 45–52.

WANG ZF, REN H, LI ZC, et al. 2013. Local genetic structure in the critically endangered, cave-associated perennial herb *Primulina tabacum* (Gesneriaceae)〔J〕. Biological Journal Linnean Society, 109 : 747–756.

XIE JG, JIAN SG, LIU N. 2005. Genetic variation in the endemic plant *Cycas*

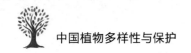
debaoensis based on ISSR analysis ［J］. Australian Journal of Botany,53(2): 141–145.

YANG J, CAI L, LIU DT, et al. 2020. China's conservation program on Plant species with extremely small populations (PSESP): Progress and perspectives ［J］. Biological Conservation, 244：108, 535.

FORZZA RC, BAUMGRATZ JFA, BICUDO CEM, et al. 2010.Catálogo das Plantas e Fungos do Brasil, Andrea Jakobsson Estúdio and Rio de Janeiro Botanical Garden ［M］., Rio de Janeiro. (in Portuguese)，1: 1–39.

Abstract

Trees, shrubs, grasses, vines, ferns, mosses, green algae and lichen in nature are all plants. Different from animals, they can grow in one place and make use of their organic matter to maintain their lives. Plants include eukaryotic algae, mosses, ferns, gymnosperms and angiosperms. At present, more than 390 000 species of vascular plants have been named in the world. Plant photosynthesis is the primary source of energy and organic matter on earth. Most animals depend on plants for shelter, oxygen and food. In daily life, it is common for animals to feed on plants, but in nature, there are also some insectivorous plants that "eat animals", such as pitcher plant and catchfly, which feed on insects.

Plant diversity is the diversity of plants on the earth and all forms, levels and combinations formed by them with other organisms and environment, including plant species diversity, plant ecological habits and ecosystem diversity. Plant diversity includes genetic diversity, species diversity and ecosystem diversity. In addition, the concepts of landscape diversity and functional diversity are put forward in scientific research and policy application. Plant diversity not only reflects the ecological process of interaction between the biological community and the abiotic environment but also is one of the main driving forces of ecosystem functional diversity.

China has a vast territory and sea area, spanning almost all climatic zones on the earth, including cold temperate zone, temperate zone, warm temperate zone, higher subtropics, middle subtropics, lower subtropics, higher tropics, tropics and lower tropics. China's topography is complex and changeable, including mountains, plateaus, hills, basins, plains, deserts and Gobi. Such a complex and diverse natural environment breeds extremely rich plant species and vegetation types. China is a member of the 12 "countries with mega-biodiversity" in the world. There are 599 types of terrestrial ecosystems, 5 types of wetland freshwater ecosystems and 30 types of marine ecosystems in China. The main vegetation types include rain forest, seasonal rain forest, evergreen broad-leaved forest, deciduous broad-leaved forest, coniferous and broad-leaved mixed forest, cold temperate coniferous forest, alpine shrub, alpine meadow, mountain tundra, grassland, desert and other vegetation types.

China is one of the countries with the richest bryophyte diversity in the world. There are 3 021 species of bryophytes in 150 families, 591 genera, and 14.4% of the world's species, including many species that are important, rare and endangered in systematic evolution. There are 12 genera and 524 species of bryophytes endemic to China, which are mainly distributed in the Hengduan Mountains, the Jinfo Mountain and the Fanjing Mountains, and East China. Bryophytes can be used as moisturizing materials and cultivation substrates in gardening work, and some of them have medicinal value too. In molecular biology research, some species such as *Physcomitrella patens* are often used as model plants. The destruction of the ecological environment and global warming have threatened the survival of mosses. There are 186 threatened species of bryophytes in China. In order to meet the market demand, some bryophytes, such as *Sphagnum* mosses, *Plagiomnium* spp., *Hypnum plumaeforme*, and other species have been cultivated artificially. Due to the lack of professional researchers and insufficient scientific foundation, the species diversity and conservation of bryophytes, as well as research on breeding technology of mosses are still in low level and need to be strengthened in the future.

There are 2 357 species of lycophytes and ferns in 39 families and 171 genera in China, of which 955 are endemics. In terms of species number, Dryopteridaceae, Athyriaceae, Polypodiaceae, Pteridaceae and Thelypteridaceae are the top five families. In addition, *Polystichum*, *Dryopteris*, *Athyrium*, *Diplazium* and *Asplenium* each includes more than 100 species. The families of Dryopteridaceae, Athyriaceae, Pteridaceae and Thelypteridaceae include the most endemic species. The Mt. Himalaya is the region with the most abundant species of lycophytes and ferns in China and also one of the hotspots of plant diversity in the world. Lycophytes and ferns have important ornamental, medicinal and scientific values. With the destruction of forest habitats and excessive excavation of plant resources, many ferns have become increasingly rare and endangered. A total of 182 species were evaluated as threatened in China. Although effective conservation activities of some endangered ferns have been carried out, the increasingly threaten factors has not been effectively stopped.

There are 8 families, 37 genera, and 260 species of gymnosperms in China, which are characterized by high species diversity, numerous endemism, rich ancient relics, and coexistence of new and ancient species. Although the number of species of gymnosperms is small, they play an important role in terrestrial ecosystems. On the whole, the pattern of gymnosperm species diversity in China is higher in the south and lower in the north. The Mt. Hengduan in the southwest becomes the modern species diversity center of gymnosperms in China. Gymnosperms have important timber, medicinal, edible and ornamental value, etc. Due to the influence of factors such as habitat degradation, over-utilization, climate warming, self-breeding problems and pests and diseases, the gymnosperm species have been affected seriously. A total of 148 species of gymnosperms were evaluated as threatened in China. In order to change the situation, many rescue

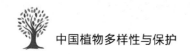
actions for wild plants such as Cathaya argyrophylla, *Glyptostrobus pensilis*, *Cycas* spp., *Abies beshanzuensis*, etc. have been implemented in China and achieved effective results in recent years.

There are 38 164 species of angiosperms in China, accounting for about 12.7% of the global angiosperm species. China is therefore the country with the most abundant plant diversity in the northern hemisphere. Angiosperm families with the largest number of plant species in China include Asteraceae, Fagaceae, Poaceae, Rosaceae and Orchidaceae, etc. These plants are closely related to our mankind normal lives. The roots, stems, leaves, flowers, fruits and seeds of angiosperms are the main sources of our foods and supply the vegetables, starch, nectar, fiber, oil, wood, medicines, etc. The sugars, proteins, fats and vitamins in the plants provide the basic nutrient requirements of animals and human beings and are the key substances for their survival. The recent assessment of 30 068 species of angiosperms in China shows that 40 species have been extinct and 3 363 species of them were in the threatened category. They are distributed mainly in southwest China, as well as Taiwan and Hainan. The loss and fragmentation of plant habitats, over-excavation, invasion of alien species, environmental pollution, natural disasters and global climate change, etc. are the major threatening factors.

Plant diversity is closely related to ecosystem function which includes ecosystem characteristics, ecosystem products and ecosystem services. The value of plant diversity can be divided into use-value (also divided into direct and indirect use-value) and potential value (selection value). At present, the value of plant diversity is mainly evaluated from two aspects, namely, plant resources and ecosystem services.

The plant species diversity and functional diversity determine the diversity of plant resources utilization. Plant diversity not only creates a suitable living

environment for human beings, but also provides a variety of food and clothing, as well as a variety of industrial and pharmaceutical raw materials. It is said that among the 500 000 higher plants in the world, only 10% are used by human beings, 1% are commonly used, and 1‰ are most frequently utilized.

There are many kinds of resource plants in China. "Flora of China" divides Chinese plant resources into the following 16 categories: fiber resources, starch resources, oil resources, protein (amino acid) resources, vitamin resources, sugar and non-sugar sweeteners resources, plant pigment resources, aromatic plant resources, plant gum and pectin resources, tannin plant resources, resin resources, rubber and hard rubber resources, medicinal plants, garden flower resources, nectar plants, environmental protection plants and other plant resources. In the long-term production and life, the Chinese people have cultivated and utilized a large number of plant resources.

Ecosystem services refer to all kinds of benefits that human beings obtain from the ecosystem, including supply services, regulatory services and cultural services that can have a direct effect on human beings, as well as support services necessary to maintain other services. These four types of services can have a profound impact on human well-being by affecting safety and security, the basic material conditions needed to maintain a life of high quality, health and social and cultural relations. Taking plant cultural services as an example, the plants mentioned most frequently in the 50 000 Tang poems are chrysanthemums, peonies, willows and red leaves. In a vegetation ecosystem, plant species diversity is positively correlated with function and service. Plant diversity can enhance the function and service of the ecosystem by improving the productivity of vegetation, which can be transformed into economic, social and ecological benefits.

There are three global biodiversity hotspots, and China is considered as one of the priority protection areas in the world that has made unprecedented efforts to protect endangered species. Network of in situ conservation, including national parks, nature reserves and various natural parks, has been well established with a total area of more than 1.8 million km^2, accounting for about 19% of the total land area, exceeding the "Aichi target" (17% by 2020) of the Convention on Biological Diversity (CBD). Approximately 400 botanical gardens and germplasm banks have preserved 23 340 species (including infra-species) of 396 families, 3 633 genera, of which about 20 000 are indigenous plants, accounting for 60% of the native species and 25% of the global ex situ conservation species. However, the loss of biodiversity in China continues to be a serious problem. In the past 50 years, at least 200 plant species were considered as extinct, and about 5 000 plants were in risk of extinction. The continuous loss of biodiversity and degradation of ecosystems have had a profound impact on human well-being and survival.

Chinese botanists adopted the IUCN Criteria to assess risk of extinction in 1980s and 1990s. *China Plant Red Book* of 388 Species was published in 1991. *The red list of Chinese species*, Volume I, was published in 2004, including assessment of risk of extinction of 10 211 species of wild animals and plants in China. Approximately 4 408 species of seed plants were evaluated, accounting for 86% of the estimated species. In 2008, 35 784 species of wild higher plants were evaluated according to the IUCN Criteria (v3.1 2012). The assessed species covered all native species in China. The results indicated that 3 879 species of wild higher plants in China were threatened with risk of extinction, accounting for 10.84% of the assessed species.

The state protected species are the species protected by state laws. In 1999, the former State Forestry Bureau and the former Ministry of Agriculture issued The National Key Protected Wild Plants Checklist (the first batch) with permission from the State Council, which marked that the work of plant conservation was brought into normal condition of legalization. In 2018, the former State Forestry Administration and the former Ministry of agriculture initiated the revision of *The National Key Protected Wild Plants Checklist*. After careful examination and long discussion of species by the expert group, the revision of checklist has been completed in August 2021. The revision includes 455 species and 40 categories with a total of 1101 species. About 53 species and 4 categories are listed as Grade I; 402 species and 36 categories of Grade II, a total of 976 species.

According to the status of plant diversity, the central government of China has initiated a variety of conservation actions. Since the concept of "Plant Species with Extremely Small Population Species (PSESP)" was firstly proposed in Yunnan province in 2005, both the central and the local governments have initiated conservation actions to protect PSESP. Action plans including the rescue and protection action plan (2011-2015), the technical guideline for redline of ecological protection, and the regulations of Yunnan province on biodiversity conservation, have provided legal guarantee for the conservation of PSESP. In 2017, National Forestry and Grassland Administration assessed protection effectiveness of 120 native PSESP. The results indicated that 37 species were protected in the nature reserves, 60 species were protected by the forest rangers or the local forestry departments, and small nature reserves were established for 26 species. Twenty species have established population in botanical gardens and arboreta. The ex situ conservation experiments were carried out for about 80 species, 56 species are successful in artificial propagation, and population reinforcement and reintroduction experiment were initiated for 26 species.

Invasion of alien species is one of the direct causes of biodiversity loss, and has become global concern. In 2014, Ministry of Science and Technology of P.R.

China launched a basic special project "The Flora of Invasive Species in China". Eleven institutions and universities joined the project and investigated the invasive plant species in each county across China. Approximately 50 000 specimens of invasive plants were collected. New invasive species, such as *Amaranthus dubius and Acmella paniculata*, have been discovered. Five volumes of "*The Flora of Invasive Species in China*" has been published in August, 2021, with 407 species and 1 variety of invasive plants being covered.

The Chinese government has paid great attention to plant conservation and has gained great achievements. Plant conservation methods include in situ conservation, ex situ conservation, near situ conservation, and reintroduction/reinforcement. In situ conservation is to protect valuable natural ecosystems and wildlife habitats by means of national parks, nature reserves and natural parks (including scenic spots), so as to protect the reproduction and evolution of organisms in the ecosystem and maintain the material and energy flow and ecological process in the system. In situ conservation was considered as the primary conservation method in 1993 when the Convention of Biological Diversity (CBD) officially entered into force. Since only less than 10% of the known plant species in the world have been evaluated for conservation, it is still unknown how many endangered plants are in situ conserved. In China, more than 90% of vegetation types and terrestrial ecosystems, 65% of higher plant communities, 85% of wild plants, 88% of rare and endangered plants and 86% of PSESPS have been protected in situ. However, increasing habitat losses, illegal logging, forest fires, incomplete coverage of protected areas and the impact of subsequent changes mean that not all species can be protected in their natural habitats, which has led to an increasing demand for ex situ conservation methods. Ex situ conservation refers to the preservation of whole plants, seeds, pollen, vegetative propagules, tissues or cell cultures in an artificially created environment to avoid the influence of natural disasters or human factors. *Ex situ* conservation usually includes botanical gardens, crop germplasm resources library (nursery) and wild plant seeds bank, etc. In a broad sense, it also includes plant tissue culture preservation library and all kinds of plant DNA library, etc. *Ex situ* conservation provides materials for the evaluation, research, utilization, population reinforcement, reconstruction and restoration of germplasm resources. More than 22104 native species are growing in living collections of about 200 botanical gardens and arboreta, accounting for 65% of the total number of native plants. In addition, about 82 476 seeds of 10 285 species, 2 044 genera and 230 families are saved at Southwest China Wildlife Germplasm Bank.

Near situ conservation is to select natural or semi natural areas with similar climate, habitat and community around its distribution area for planting and management to gradually form a stable population for the plants with extremely narrow distribution, special habitats, and very small distribution areas through artificial propagation and construction of seedling quantity and population structure. *Near situ* conservation emphasizes "artificial management" and has the functions of conservation, scientific research observation and popular science exhibition. It is a special type of conservation between reintroduction and *ex situ* conservation, which needs further research, exploration and improvement. Reintroduction is considered as an ecological restoration at the population scale, focusing on the rescue or restoration of endangered species. In recent years, reintroduction has been increasingly used as a tool for plant conservation, as well as a bridge between *ex situ* conservation and *in situ* conservation. BGCI classifies reintroduction into four categories according to whether the natural habitat has the targeted plants, including reintroduction/restitution/re-establishment, reinforcement/augmentation/enhancement/supplementation, conservation introduction and translocation. In China, although the forestry departments play a management role in plant conservation, botanical gardens are the main units of the research and practice of plant reintroduction, based on their living plant resources, knowledge, skills and facilities as well as the environmental education and public education activities they provided. By the end of 2019, China has carried out about 300 plant reintroduction/reinforcement projects, involving 206 species, of which 112 are endemic to China.

In this book, practical cases of in situ conservation (*Abies beshanzuensis*, *Cycas fairylakea*), *ex situ* conservation (*Parakmeria omeiensis*), *near situ* conservation (*Changiostyrax dolichocarpus*, *Magnolia patungensis*, etc.), and reintroduction/reinforcement (*Cycas debaoensis*) were provided. Those practical cases can further promote the understanding of the theory of related conservation methods. One example of *in situ* conservation is *Abies beshanzuensis*, an evergreenPinaceaetree endemic to China, which include only 3 wild mother trees growing in Baishanzu National Park in Zhejiang province and was listed as one of the 12 most endangered plants in the world. Due to its weak self- reproduction ability and poor adaptibility to environmental changes, it was difficult for them to "get married and have children". With great efforts made by the experts of Baishanzu National Park and other experts, great success was achieved with the survival of about 83 seedlings. In 2017, when all three mother trees had cones, Baishanzu National Park improved the original habitat of *A. beshanzuensis* by properly clearing the branches and leaves of the adjacent plants of the mother tree and the dense *Sasa qingyuanensis* under the forest to improve the light conditions and increase the light intensity in the forest, and by reasonably removing the thick litter on the surface to help the weak seeds "land" and the seedling roots dig down

into the soil. As of September 2020, more than 180 seedlings germinated naturally under the forest. Remarkable achievements have been made in promoting natural regeneration artificially, which has brought dawn to keep the species from endangering.

Meanwhile, the contribution of Chinese botanical gardens to plant diversity conservation was briefly introduced. 'A botanic garden is an institution holding documented collection of living plants for the purposes of scientific research, conservation, display and education'(BGCI, 1999). Although the original motive of establishing the botanical garden was not conservation, the long-term management and living plants collection of the botanical garden objectively play an active role in plant conservation. Since 1980s, botanical gardens have played an important role in plant conservation and have become the 'Noah's Ark' of threatened plant species. Botanical gardens are the ideal place for *ex situ* conservation. Currently, there are 3 693 botanical gardens in the world including about 172 botanical gardens and arboreta in China, growing about 616347 taxa of about 120 000 plant species. The recent survey of 35 botanical gardens in China shows that 33 888 species are *ex situ* conserved at those botanical gardens. 18 052 native plants were listed in China biological species (Col-China) 2019, 1 604 species were listed as endangered plants in the Red List of China Biodiversity - higher plants volume (2013), 1 127 species were listed as endangered species in the IUCN red list (v3.1).

In addition, botanical gardens have carried out the collection and evaluation of germplasm resources, actively participated in Big Data Platform of *Ex Situ* Conserved Plants project in China, and established Plant Information Management System (PIMS).

Utilization is the best means of conservation. China has established a model

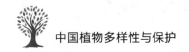

of "selecting appropriate rare plants, tackling key problems in basic research and reproduction technology, and then returning to the wild and market-oriented production, realizing its effective conservation, while strengthening the public awareness of conservation. This model has initially realized the industrialization of rare and endangered plants, which has generated good social, ecological and economic benefits, making outstanding contributions to the development of national economy. For example, since the introduction of Indonesian sandalwood in 1962, South China Botanical Garden has made breakthrough progress in the embryo development of sandalwood and the application of biotechnology to study high-quality sandalwood varieties. It has transferred the large-scale breeding and cultivation technology of sandalwood to various domestic and foreign enterprises, which greatly promoted the development of the international sandalwood industry.

The Chinese central government has paid great attention to international cooperation and has been actively involved in nature conservation related international treaties, such as CITES, CBD and others, which have promoted the global biodiversity conservation. The Global Strategy for Plant Conservation (GSPC) was formulated and approved by the United Nations Convention on Biological Diversity (CBD). In 2008, The Chinese central government developed the first national plant conservation strategy entitled China's Strategy for Plant Conservation (CSPC). The assessment of the implementation of GSPC (2010-2020) shows that China has met the requirements of goals 1, 2, 4, 5, 7 and 16 of GSPC in advance before 2020, and has made a lot of substantial progress in achieving other targets of GSPC.